Streifzüge durch die Umwelten
von Tieren und Menschen

–

Bedeutungslehre

Jakob von Uexküll

Streifzüge durch die Umwelten von Tieren und Menschen

–

Bedeutungslehre

Mit einem Vorwort
von
Matthias Jung

Matthes & Seitz Berlin

Inhalt

Streifzüge durch die Umwelten von Tieren und Menschen

Bedeutungslehre

Matthias Jung

Uexküll oder Die Entdeckung der Umwelt

»Wer an der Überzeugung festhalten will,
dass alle Lebewesen nur Maschinen sind,
gebe die Hoffnung auf,
jemals ihre Umwelten zu erblicken.«

Jakob von Uexküll

Umwelt – nur wenige Begriffe haben eine so steile Karriere hingelegt wie dieser. Die Welterfahrung der Gegenwart ist gar nicht vorstellbar ohne den Gedanken, dass die physische und biologische Realität, in der wir leben, Umweltcharakter hat, wir also in unserem Gedeihen als Menschen von ihr und damit auch von ihrer Intaktheit abhängig sind. Umweltbewusstsein ist das Wissen darum, dass der menschliche Lebensraum auf Naturfaktoren abgestimmt ist, die ihrerseits teilweise vom menschlichen Handeln abhängig sind und also zerstört werden können. Die Luft, die wir atmen, die Nahrung, die wir zu uns nehmen, die Räume, in denen wir uns bewegen – all das ist nicht etwa die zufällige Umgebung des Organismus, es macht ihn mit aus. Und das heißt schließlich, Organismus und Umwelt sind komplementär: Nur weil es Organismen gibt, wird die Welt zur Umwelt, und nur weil es spezifische Umwelten gibt, können die Organismen so sein, wie sie sind. Umso erstaunlicher also ist es, dass der Begriff der Umwelt in der Biologie lange Zeit kaum eine Rolle gespielt hat. Es war erst der aus einer deutschbaltischen Adelsfamilie stammende Jakob Johann Baron von Uexküll (1864–1944), der ihn 1909 in seinem Hauptwerk *Umwelt und Innenwelt der Tiere* ins Zentrum der Debatte rückte: Jedes Lebewesen, ob Mensch oder Tier, hat einen ihm allein zukommenden Raum und auch eine entsprechende Zeit, eben seine Umwelt: Eintagsfliege, Löwe, Mensch sind gleichermaßen Organismen, deren Anatomie, Verhaltensweisen und Lebenszeit von den für sie relevanten Merkmalen der Umgebung, also ihrer Umwelt, geprägt sind.

Uexküll, der ein sehr bewegtes Leben führte – mit Stationen unter anderem an der Universität Dorpat (Tartu, Estland), wo er Zoologie studierte, Heidelberg, Paris, Dalmatien, Neapel (dort untersuchte er an der berühmten Deutschen Zoologischen Station Meerestiere) und Monaco –, war ein immens produktiver Autor zahlreicher Fachpublikationen, aber auch einer ganzen Reihe von eher populären Schriften. Äußerlich betrachtet hängt Letzteres damit zusammen, dass er sich akademisch nie richtig etablieren konnte, stand er doch quer zu den dominierenden Wissenschaftsdiskursen seiner Zeit (dennoch übte er großen Einfluss auf viele bedeutende Denker aus, etwa auf die Philosophen Ernst Cassirer, Helmuth Plessner und José Ortega y Gasset sowie den Neurophysiologen Kurt Goldstein), oft in Geldnöten war und sich von solchen Schriften Einkünfte erhoffte.

Sein Verständnis von »Bedeutung«, auf der, so seine zweite epochale Innovation, die Beziehung zwischen den verschiedenen Lebewesen und ihren spezifischen Umwelten basiert, erleichterte es ihm aber auch, die Außenperspektive des beobachtenden Wissenschaftlers und die Innenperspektive erlebender Subjekte zu verbinden und damit Wissenschaft anschaulich und nachvollziehbar zu machen. Denn Bedeutungen entstehen ihm zufolge dadurch, dass ein Stück Welt – die »ökologische Nische« eines Organismus (der Begriff selbst stammt nicht von Uexküll) – das Leben und Gedeihen desselben Organismus ermöglicht oder erschwert. Es ist dieser Gedanke, der Uexküll zum wichtigsten Vorläufer der Biosemiotik werden ließ, einer Wissenschaft, die sich mit der Bedeutung von Zeichenprozessen für Lebewesen aller Art beschäftigt. Und wie schon der Titel der hier wieder aufgelegten, lange Jahre in ihrer Originalsprache vergriffenen *Streifzüge durch die Umwelten von Tieren und Menschen* (1934) deutlich macht, ist für ihn weniger die Perspektive des Labors, sondern die des einen Naturraum durchstreifenden, sich von diesem berühren lassenden Subjekts von Relevanz. Dabei sind seine *Streifzüge*, in denen der Leser ganz unaufdringlich an die Grundideen der theoretischen Biologie herangeführt wird, ein Buch von großem poetischen Reiz, wozu auch die von Georg Kriszat besorgten Illustrationen erheblich beitragen. Hier sieht man verschiedene Umwelten – diejenige eines Kindes im Unterschied zum Erwachsenen, eines Seeigels oder einer Dohle und sogar die auf Teleskop und Sterne geschrumpfte Umwelt des Astronomen – so anschaulich dargestellt, dass der Grundgedanke sofort einleuchtet: Lebewesen und Umwelt gehen aus ihrer Wechselbeziehung überhaupt erst hervor.

Vertieft werden diese zentralen Ideen in dem Text mit dem Titel *Bedeutungslehre*, der hier zusammen mit den *Streifzügen* wieder in einem Band veröffentlicht wird und in dem die Grundbegriffe der Biologie von rein kausalen Denkformen auf den Schlüsselbegriff der »Bedeutung« umgestellt werden. Denn Uexküll war ein entschiedener Gegner mechanistischer Vorstellungen, die Organismen – wie er dem Darwinismus vorwarf – als Reiz-Reaktions-Maschinen begriffen. Ihm ging es darum zu zeigen, dass sie alle, vom Pantoffeltierchen aufwärts, in einer von der Passung zwischen ihrer Physiologie und der Umwelt bestimmten, bedeutungsvollen Realität leben und insoweit einen Subjektcharakter haben. Der analytische Philosoph Thomas Nagel hat in einem berühmten Aufsatz von 1974 mit dem Titel »Wie ist es, eine Fledermaus zu sein?« denselben Gedanken, allerdings ohne Bezug auf Uexküll, stark gemacht und zu der These verdichtet, rein objektive Weltbeschreibungen seien prinzipiell unvollständig.

Während einige von Uexkülls Grundideen in der theoretischen Biologie, vor allem die Betonung der Interaktionseinheit von Organismus und Umwelt, seiner Zeit weit voraus waren, erweist er sich in seinen politischen Einstellungen ganz als Kind ihrer Ideologien und vor allem rassistischen Einstellungen. Die Demokratie lehnte er ab, pflegte zeitweilig engen Kontakt zu Houston Stewart Chamberlain (1855–1927), einem zentralen Wegbereiter des nationalsozialistischen Rassismus, und ließ sich von dessen Antisemitismus beeinflussen. Die antisemitische Fälschung »Protokolle der Weisen von Zion« hielt er für echt. Sein Buch *Staatsbiologie* von 1920, in dem er, dem Ungeist seiner Zeit verfallen, die

Umweltlehre im Sinne einer antiegalitären und monarchistischen Haltung politisierte, markiert in dieser Hinsicht den Tiefpunkt seines Denkens. Zwar finden sich von 1922 an immer wieder Äußerungen, die eine Distanzierung von völkischem und antisemitischem Denken nahelegen, allerdings hinderte dies Uexküll nicht daran, zusammen mit etwa 900 anderen Wissenschaftlern das am 11.11.1933 veröffentlichte »Bekenntnis der deutschen Hochschullehrer zu Adolf Hitler« zu unterzeichnen.

Fragt man danach, ob die theoretischen Grundannahmen der Umweltlehre rassistisches Denken begünstigen, wird die Antwort differenziert ausfallen müssen: Dass alle Organismen durch artspezifische und individuelle Umweltinteraktionen charakterisiert werden können, ist zwar eine sehr grundsätzliche Einsicht, die für sich betrachtet weder zum Rassismus noch zu seiner Ablehnung disponiert. Uexküll tendiert jedoch stark dazu, auch die soziokulturellen Lebensformen des Menschen im Sinne starrer und vorgegebener Umwelten zu deuten, statt sie in ihrer Weltoffenheit und Wandelbarkeit ernst zu nehmen. Aus dieser weltanschaulichen Erweiterung seiner Umweltlehre in Richtung holistisch geschlossener Umwelt-Volk-Beziehungen ergibt sich eine Affinität zu den Protagonisten der »konservativen Revolution« in der Weimarer Republik. Und im selben Kontext ist Uexkülls Lehre später auch von neurechten Denkern wie Alain de Benoist aufgegriffen und für eine »konservative Ökologie« reklamiert worden.

Was die philosophischen Grundlagen seines Denkens betrifft, war Uexküll am stärksten von Kant geprägt, dessen Lehre von Raum und Zeit als Formen der Anschauung er jedoch sehr »subjektivistisch« auslegte. In seinen frühen Jahren stand er dem Darwinismus nahe, wandelte sich jedoch immer mehr zu einem entschiedenen, allerdings durchaus eigenwilligen Anhänger des Neovitalismus, also jener am prominentesten von Hans Driesch (1867–1941) vertretenen Lehre, die gegen den darwinschen Materialismus auf einer ganzheitlichen, übermechanischen Kraft bestand, die in allen Lebewesen wirken sollte. In seiner *Bedeutungslehre* bringt Uexküll die Annahme dieser geistigen Kraft sogar mit der »Gottnatur« in Verbindung und distanziert sich damit noch weiter von der zu seiner Zeit bereits vorherrschenden darwinistischen Position. Allerdings lassen sich seine umweltökologischen Grundannahmen auch ganz unabhängig von seinen metaphysischen Ansichten verstehen – ein Umstand, der es in den letzten Jahrzehnten überhaupt erst möglich machte, ihn wiederzuentdecken. Das geschah zunächst in den 1980er-Jahren durch den Biosemiotiker Thomas A. Sebeok (1920–2001), der Uexküll als Pionier einer umfassenden Zeichenlehre verstand, parallel dazu aber auch durch das konstruktivistische Denken Ernst von Glasersfelds (1917–2010) und Humberto Maturanas (1928–2021).

Die aktuell bedeutendste Entwicklung ist jedoch wohl die Wiederentdeckung Uexkülls im Kontext der Verkörperungstheorien, die in der Kognitionswissenschaft (»*embodied cognition*«), der Philosophie des Geistes, aber auch der Psychologie und den Kulturwissenschaften in den letzten Jahren einen enormen Aufstieg erlebt haben. Die Grundannahme besteht hier durchgängig darin, dass Organismus und Umwelt in einer Weise strukturell verkoppelt sind, die man als eine wechselseitige Ko-Konstitution verstehen kann. Kognitive Fähigkeiten sind dementsprechend stets verkörpert, also allein in einem Wechselverhältnis von Eigenschaften des Organismus und solchen seiner spezifischen Umwelt realisiert. In einem kritischen Aufsatz über das psychologische Konzept des »Reflexbogens« hat der pragmatistische Philosoph John Dewey (1859–1952) bereits 1896 die Idee entwickelt, dass nicht die mechanische Verbindung von *Input* und *Output*, Reiz und Reaktion, sondern ein kreisförmiger Zusammenhang zwischen der Eigenaktivität des um seine Erhaltung bemühten Organismus und der hierfür relevanten Umwelt die Grundform des Lebens ausmacht. Diese elementaren Feedbackschleifen wurden in Uexkülls berühmtem Schema des Funktionskreises anschaulich zur Darstellung gebracht (in dieser Ausgabe S. 27). Und auch die Wahrnehmungs- und Handlungstheorie des Psychologen James J. Gibson (1904–1979), eines frühen Pioniers der *embodied cognition*, erinnert deutlich an Uexkülls Umweltlehre: Für Gibson stehen die »Angebote« (»*affordances*«) im Zentrum, die sich dem seine Umwelt aktiv explorierenden Organismus jeweils darbieten – wie

Uexküll schon an einem vom Umweltschutz bisher wenig gewürdigten Lebewesen, der Zecke, zeigte, hat doch von all dem, was in ihrer Umgebung passiert, nur eines für sie Bedeutung: das Auftauchen von Warmblütern, auf die sie sich dann fallen lässt, um Blut zu saugen. Daneben greift eines der bereits klassischen Werke der *embodied cognition*, Andy Clarks *Being There* (1996), nicht nur Uexkülls Idee der selektiven Kognition innerhalb einer ökologischen Nische auf, es reproduziert zudem einige Illustrationen aus den *Streifzügen*. Auch »enaktivistische« Kognitionstheorien, wie sie etwa Shaun Gallagher, Evan Thompson und Alva Noë vertreten, sind von der uexküllschen Idee des Zusammenhangs von Organismus und Bedeutung geprägt. Heute ist es weitgehend unstrittig, dass er zu den wichtigsten Pionieren des Verkörperungsdenkens zählt.

Uexkülls *Streifzüge* entfalten ihre Grundideen ganz unbefangen über die Gattungsunterschiede zwischen Menschen und Tieren hinweg. Hochseemedusen, Dohlen, Hunde, Kinder und schließlich sogar beobachtende Wissenschaftler werden unterschiedslos als Beispiele herangezogen. Zentral ist dabei die innere Gliederung der Umwelt in »Merkwelt« und »Wirkwelt«, denn alle Lebewesen sind für Uexküll »Subjekte [...], deren wesentliche Tätigkeit im Merken und Wirken besteht« (S. 18). Das heißt, jeder Organismus nimmt mit seinen Merkorganen nur dasjenige wahr, was für ihn im Funktionskreis mit der Umwelt relevant ist, und reagiert darauf mit seinen Wirkorganen. Auch das »Merken« ist aber schon eine aktive Exploration, denn es richtet sich gezielt auf das, was für den Organismus relevant ist. Somit existiert ein Reiz nicht »an sich«, sondern nur, wenn er bemerkt wird. So entsteht ein Funktionskreis zwischen Subjekt und Objekt, der auf exakten wechselseitigen Passungen beruht. Dass die bereits genannte Zecke den Buttersäuregeruch von Warmblütern wahrnimmt, beruht darauf, dass er in ihre Merkwelt fällt (im Unterschied zum Beispiel zu der Frage, ob es sich um einen Hund oder einen Menschen handelt), und er fällt deshalb in ihre Merkwelt, weil diese funktional mit der Wirkwelt verbunden ist. Ob diese passgenaue Verschränkung von Merk- und Wirkwelt zur Umwelt grundsätzlich auch den Menschen mit seiner Weltoffenheit charakterisiert, ist oft und mit guten Gründen bestritten worden. Schon Uexkülls Astronom (Abb. 59) liefert ja ein Gegenbeispiel, denn die von ihm beobachteten Sterne sind weder lebenspraktisch relevant noch manipulierbar. Dennoch leuchtet ein, dass zumindest das menschliche Alltagsleben in rückgekoppelten Funktionskreisen zwischen der Umwelt und den Lebensinteressen des Organismus verläuft.

Über ihre Aktualität in den gegenwärtigen wissenschaftlichen Debatten um die innere Verbindung von Organismen und ihrer Umwelt hinaus entfaltet Uexkülls populärste Schrift, die *Streifzüge*, einen ganz eigenen Zauber, der zum großen Teil in ihrer Sprache gründet. Diese ist voller einprägsamer Neologismen wie »Merkwelt«, »Wirkwelt«, (darauf aufbauend dann »Merkbild« und »Suchbild«) oder »Impulsmelodie« (für den Rhythmus des Wechsels von motorischen und sensorischen Aktivitäten, der jeweils einer Art eigentümlich ist) und Vergleiche: »Jedes Subjekt spinnt seine Beziehungen wie die Fäden einer Spinne zu bestimmten Eigenschaften der Dinge und verwebt sie zu einem festen Netz, das sein Dasein trägt.« (S. 31) Gleichzeitig lässt sie den für die moderne Wissenschaft so entscheidenden Unterschied zwischen dem beobachtenden Subjekt und dem Naturfreund verschwimmen, für den emotionale Resonanzen mit der Umwelt einen Eigenwert besitzen. In Uexkülls eigentümlich schwebender, zwischen Alltagssprache und Fachterminologie changierender Diktion scheint so ein Naturverhältnis auf, das Tiere weder verdinglicht noch anthropomorphisiert, sondern diese – wie auch den Menschen – als Lebewesen behandelt, die ihr Dasein aus sich selbst heraus (und in stetem Bezug auf ihre Umwelten) führen. Damit entsteht etwas, was eine naturalistisch-objektivierende Beschreibung nicht leisten kann, nämlich ein Gefühl des Angesprochenwerdens durch die geschilderten Eigenwelten der jeweils betrachteten Tiere.

Beim Lesen der *Streifzüge* wird so zweierlei deutlich: Die Bedeutungen, die den Lebenskreis der Tiere ausmachen, sind nicht unsere Bedeutungen – wir dürfen Tiere nicht vermenschlichen. Und doch sind es eben *Bedeutungen*, aus denen heraus auch die Tiere ihr Leben führen, keine rein kausalen Mechanismen – und darin liegt eine tiefe Gemeinsamkeit zum Menschen, die Resonanz ermöglicht. Allerdings verbindet Uexküll seinen Bedeutungsbegriff in problematischer Weise mit der metaphysischen Idee eines »Naturplans«, der das Bedeutungserleben dann doch wieder fast mechanisch steuert, womit ausgeblendet wird, in welchem Umfang zumindest höhere Organismen aktiv und flexibel ihre Umwelt explorieren, ohne dabei einem starren Plan zu folgen. Es kann daher nicht darum gehen, Uexkülls wissenschaftliche und weltanschauliche Schwächen, vor allem seine Leugnung der evolutionären Dynamik und seine Neigung zu metaphysischen Spekulationen, nun in einem romantischen Naturgemälde zum Verschwinden zu bringen. Die Umwelt- und Bedeutungslehre muss, wie dies in der Gegenwart auch geschieht, in einen evolutionstheoretischen Rahmen eingelassen werden – ohne Uexkülls Anspruch, Wissenschaft und erlebte Erfahrung zu vermitteln, damit hinfällig werden zu lassen. Denn Uexkülls *Streifzüge* basieren auf der Einsicht, dass ebendiese beiden Dimensionen unseres Weltverhältnisses – zumindest dann, wenn es um Lebewesen geht – komplementär sind, und stellen auch gerade in diesem Hinblick einen originellen Beitrag zum Genre des Nature Writing dar. Wer in ihnen liest, findet sich in menschliche, vor allem aber in nichtmenschliche Umwelten versetzt, die stets auf einer spezifischen, subjektiven Perspektive beruhen, und es ist Uexkülls so deskriptive wie expressive Sprache, die es möglich macht, sich auch in diese einzufühlen.

Streifzüge durch die Umwelten von Tieren und Menschen

Vorwort

Vorliegendes Büchlein erhebt nicht den Anspruch, als Leitfaden in eine neue Wissenschaft zu dienen. Es enthält eher das, was man die Beschreibung eines Spazierganges in unbekannte Welten nennen könnte. Diese Welten sind nicht bloß unbekannt, sondern auch unsichtbar, ja mehr als das, ihre Daseinsberechtigung wird ihnen von vielen Zoologen und Physiologen überhaupt abgesprochen.

Diese jeden Kenner jener Welten sonderbar anmutende Behauptung wird dadurch verständlich, dass der Zugang zu den Welten sich nicht jedem erschließt, ja, dass gewisse Überzeugungen geeignet sind, das Tor, welches den Eingang zu ihnen bildet, so fest zu verrammeln, dass nicht ein Lichtstrahl von all dem Glanz, der über die Welten gebreitet liegt, hervordringen kann.

Wer an der Überzeugung festhalten will, dass alle Lebewesen nur Maschinen sind, gebe die Hoffnung auf, jemals ihre Umwelten zu erblicken.

Wer aber noch nicht auf die Maschinentheorie der Lebewesen eingeschworen ist, möge Folgendes bedenken. Alle unsere Gebrauchsgegenstände und Maschinen sind nichts anderes als Hilfsmittel des Menschen. Und zwar gibt es Hilfsmittel des Wirkens - die sogenannten *Werkzeuge*, zu denen alle großen Maschinen gehören, die in unseren Fabriken der Bearbeitung der Naturerzeugnisse dienen, ferner alle Eisenbahnen, Autos und Flugzeuge. Es gibt aber auch Hilfsmittel des Merkens, die man *Merkzeuge* nennen kann, wie Teleskope, Brillen, Mikrofone, Radioapparate und so fort.

Es liegt nun nahe anzunehmen, ein Tier sei nichts anderes als eine Auswahl geeigneter Merkzeuge und Werkzeuge, die durch einen Steuerapparat zu einem Ganzen verbunden sind, das zwar immer noch Maschine bliebe, aber trotzdem geeignet wäre, die Lebensfunktion eines Tieres auszuüben. Dies ist in der Tat die Ansicht aller Maschinentheoretiker, mögen sie beim Vergleich mehr an starre Mechanismen oder plastische Dynamismen denken. Die Tiere werden dadurch zu reinen Objekten gestempelt. Dabei vergisst man, dass man von Anfang an die Hauptsache unterschlagen hat, nämlich das *Subjekt*, das sich der Hilfsmittel bedient, mit ihnen merkt und mit ihnen wirkt.

Mittels der unmöglichen Konstruktion eines kombinierten Merk-Werkzeuges hat man nicht bloß bei den Tieren die Sinnesorgane und Bewegungsorgane wie Maschinenteile zusammengeflickt (ohne Rücksicht auf ihr Merken und Wirken zu nehmen), sondern ist auch dazu übergegangen, die Menschen zu maschinisieren. Nach Ansicht der Behavioristen sind unser Empfinden und unser Wille nur Schein, im besten Falle sind sie als störende Nebengeräusche zu werten.

Wer aber noch der Ansicht ist, dass unsere Sinnesorgane unserem Merken und unsere Bewegungsorgane unserem Wirken dienen, wird auch in den Tieren nicht bloß ein maschinelles Gefüge sehen, sondern auch den *Maschinisten* entdecken, der in die Organe ebenso eingebaut ist wie wir selbst in unseren Körper. Dann wird er aber die Tiere nicht mehr als bloße Objekte, sondern als Subjekte ansprechen, deren wesentliche Tätigkeit im Merken und Wirken besteht.

Damit ist aber bereits das Tor erschlossen, das zu den Umwelten führt, denn alles, was ein Subjekt merkt, wird zu seiner *Merkwelt*, und alles, was es wirkt, zu seiner *Wirkwelt*. Merkwelt und Wirkwelt bilden gemeinsam eine geschlossene Einheit, die *Umwelt*.

Die Umwelten, die ebenso vielfältig sind wie die Tiere selbst, bieten jedem Naturfreunde neue Länder von solchem Reichtum und solcher Schönheit, dass sich ein Spaziergang durch dieselben wohl lohnt, auch wenn sie sich nicht unserem leiblichen, sondern nur unserem geistigen Auge erschließen.

Wir beginnen einen solchen Spaziergang am besten an einem sonnigen Tage vor einer blumenreichen Wiese, die von Käfern durchsummt und von Schmetterlingen durchflattert ist, und bauen nun um jedes der Tiere, die die Wiese bevölkern, eine Seifenblase, die ihre Umwelt darstellt und die erfüllt ist von allen jenen Merkmalen, die dem Subjekt zugänglich sind. Sobald wir selbst in eine solche Seifenblase eintreten, gestaltet sich die bisher um das Subjekt ausgebreitete Umgebung völlig um. Viele Eigenschaften der bunten Wiese verschwinden völlig, andere verlieren ihre Zusammengehörigkeit, neue Bindungen werden geschaffen. Eine neue Welt entsteht in jeder Seifenblase.

Diese Welten mit zu durchwandern, wird der Leser der vorliegenden Reisebeschreibung aufgefordert. Die Verfasser haben sich bei Abfassung des Buches derart in die Aufgabe geteilt, dass der eine (Uexküll) den Text verfasste, der andere (Kriszat) für Bildermaterial sorgte.

Wir hoffen, mit dieser Reisebeschreibung einen entscheidenden Schritt vorwärts zu tun und viele Leser davon zu überzeugen, dass es wirklich Umwelten gibt und dass sich hier ein neues, unendlich reiches Gebiet der Forschung eröffnet. Zugleich soll dieses Buch Zeugnis ablegen von dem gemeinsamen Forschergeist der am Institut für Umweltforschung zu Hamburg tätigen Mitarbeiter.[1]

Zu besonderem Dank sind wir Dr. K. Lorenz verpflichtet, der durch Übersendung der Bilder, die seine reichen Erfahrungen an Dohlen und Staren erläutern, unsere Arbeit sehr gefördert hat. Prof. Eggers sandte uns freundlicherweise einen eingehenden Bericht über seine Versuche an Nachtschmetterlingen. Der bekannte Aquarellist Franz Huth entwarf für uns die Darstellung des Zimmers und der Eiche. Die Abbildungen 46 und 59 wurden von Th. v. Uexküll entworfen. Ihnen allen sprechen wir unseren herzlichen Dank aus.

Hamburg, im Dezember 1933 *J. v. Uexküll*

Einleitung

Ein jeder Landbewohner, der mit seinem Hunde häufig Wald und Busch durchstreift, hat gewiss die Bekanntschaft eines winzigen Tieres gemacht, das, an den Zweigen der Büsche hängend, auf seine Beute, sei es Mensch oder Tier, lauert, um sich auf sein Opfer zu stürzen und sich mit seinem Blute vollzusaugen. Dabei schwillt das ein bis zwei Millimeter große Tier bis zur Größe einer Erbse an (Abb. 1).

Die Zecke oder der Holzbock ist zwar kein gefährlicher, aber doch ein unliebsamer Gast der Säugetiere und Menschen. Sein Lebenslauf ist durch neuere Arbeiten in vielen Einzelheiten so weit geklärt worden, dass wir ein fast lückenloses Bild von ihm entwerfen können.

Aus dem Ei entschlüpft ein noch nicht voll ausgebildetes Tierchen, dem noch ein Beinpaar und die Geschlechtsorgane fehlen. In diesem Zustand ist es bereits befähigt, kaltblütige Tiere, wie Eidechsen, zu überfallen, denen es, auf der Spitze eines Grashalmes sitzend, auflauert. Nach mehreren Häutungen hat es die ihm fehlenden Organe erworben und begibt sich nun auf die Jagd auf Warmblüter.

Nachdem das Weibchen begattet worden ist, klettert es mit seinen vollzähligen acht Beinen bis an die Spitze eines vorstehenden Astes eines beliebigen Strauches, um aus genügender Höhe sich entweder auf unter

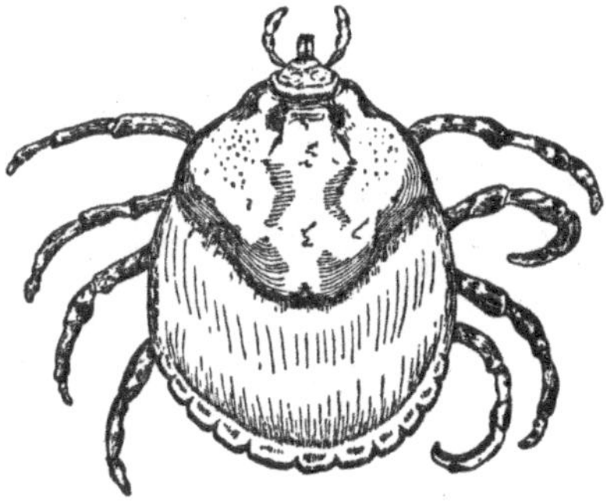

1. Zecke

ihm hinweglaufende kleinere Säugetiere herabfallen zu lassen oder um sich von größeren Tieren abstreifen zu lassen.

Den Weg auf seinen Wartturm findet das augenlose Tier mithilfe eines allgemeinen Lichtsinnes der Haut. Die Annäherung der Beute wird dem blinden und tauben Wegelagerer durch seinen Geruchssinn offenbar. Der Duft der Buttersäure, die den Hautdrüsen aller Säugetiere entströmt, wirkt auf die Zecke als Signal, um ihren Wachtposten zu verlassen und sich herabzustürzen. Fällt sie dabei auf etwas Warmes – was ihr ein feiner Temperatursinn verrät –, dann hat sie ihre Beute, den Warmblüter, erreicht und braucht nur noch mithilfe ihres Tastsinnes eine möglichst haarfreie Stelle zu finden, um sich bis über den Kopf in das Hautgewebe ihrer Beute einzubohren. Nun pumpt sie langsam einen Strom warmen Blutes in sich hinein.

Versuche mit künstlichen Membranen und anderen Flüssigkeiten als Blut haben erwiesen, dass der Zecke jeder Geschmackssinn abgeht, denn nach Durchbohrung der Membran wird jede Flüssigkeit aufgenommen, sofern sie nur die richtige Temperatur hat.

Fällt die Zecke, nachdem das Merkmal der Buttersäure gewirkt hat, auf etwas Kaltes, so hat sie ihre Beute verfehlt und muss wieder auf ihren Wachtposten emporklettern.

Die ausgiebige Blutmahlzeit der Zecke ist zugleich auch ihre Henkersmahlzeit, denn nun bleibt ihr nichts zu tun übrig, als sich zu Boden fallen zu lassen, ihre Eier abzulegen und zu sterben.

Die übersichtlichen Lebensvorgänge der Zecke bieten uns einen geeigneten Prüfstein, um die Stichhaltigkeit der biologischen Betrachtungsweise gegenüber der physiologischen Behandlung, wie sie bisher üblich war, nachzuweisen.

Für den Physiologen ist ein jedes Lebewesen ein Objekt, das sich in seiner Menschenwelt befindet. Er untersucht die Organe der Lebewesen und ihr Zusammenwirken, wie ein Techniker eine ihm unbekannte Maschine erforschen würde. Der Biologe hingegen gibt sich davon Rechenschaft, dass ein jedes Lebewesen ein Subjekt ist, das in einer eigenen Welt lebt, deren Mittelpunkt es bildet. Es darf daher nicht

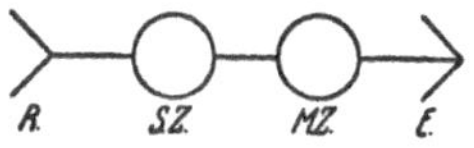

2. Reflexbogen

mit einer Maschine, sondern nur mit dem die Maschine lenkenden Maschinisten verglichen werden.

Wir stellen kurz die Frage: Ist die Zecke eine Maschine oder ein Maschinist, ist sie ein bloßes Objekt oder ein Subjekt?

Die Physiologie wird die Zecke für eine Maschine erklären und sagen: An der Zecke kann man Rezeptoren, das heißt Sinnesorgane, und Effektoren, das heißt Handlungsorgane, unterscheiden, die durch einen Steuerapparat im Zentralnervensystem miteinander verbunden sind. Das Ganze ist eine Maschine, von einem Maschinisten ist nichts zu sehen.

»Darin gerade liegt der Irrtum«, wird der Biologe antworten, »kein einziger Teil des Zeckenkörpers besitzt den Charakter einer Maschine, überall sind Maschinisten wirksam.«

Der Physiologe wird unbeirrt fortfahren: »Gerade bei der Zecke lässt es sich zeigen, dass alle Handlungen ausschließlich auf Reflexen[2] beruhen, und der Reflexbogen bildet die Grundlage einer jeden Tiermaschine (Abb. 2). Er beginnt mit einem Rezeptor, das heißt mit einem Apparat, der nur bestimmte äußere Einflüsse, wie Buttersäure und Wärme, einlässt, alle anderen aber abblendet. Er endet mit einem Muskel, der einen Effektor, sei es den Gangapparat oder den Bohrapparat, in Bewegung setzt.

Die die Sinneserregung auslösenden *sensorischen* und die den Bewegungsimpuls auslösenden *motorischen* Zellen dienen nur als Verbindungsteile, um die durchaus körperlichen Erregungswellen, die vom Rezeptor auf den äußeren Anstoß hin in den Nerven erzeugt werden, den Muskeln der Effektoren hinzuleiten. Der ganze Reflexbogen arbeitet mit Bewegungsübertragung wie jede Maschine. Kein subjektiver Faktor, wie es ein oder mehrere Maschinisten wären, tritt irgendwo in die Erscheinung.«

»Gerade das Gegenteil ist der Fall«, wird der Biologe erwidern, »wir haben es überall mit Maschinisten und nicht mit Maschinenteilen zu tun. Denn alle einzelnen Zellen des Reflexbogens arbeiten nicht mit Bewegungsübertragung, sondern mit Reizübertragung. Ein Reiz aber muss von einem Subjekt *gemerkt* werden und kommt bei Objekten überhaupt nicht vor.«

Ein jeder Maschinenteil, wie zum Beispiel der Klöppel einer Glocke, arbeitet nur dann maschinenmäßig, wenn er in bestimmter Weise hin und her geschwungen wird. Alle anderen Eingriffe, wie Kälte, Wärme, Säuren, Alkalien, elektrische Ströme, werden von ihm wie von einem beliebigen Stück Metall beantwortet. Nun wissen wir aber seit Johannes Müller,[3] dass ein Muskel sich durchaus anders benimmt. Alle äußeren Eingriffe beantwortet er in der gleichen Weise: durch Zusammenziehen. Jeder äußere Eingriff wird von ihm in den gleichen Reiz verwandelt und mit dem gleichen Impuls beantwortet, der seinen Zellkörper zum Zusammenziehen veranlasst.

Johannes Müller hat ferner gezeigt, dass alle äußeren Wirkungen, die unsere Sehnerven treffen, mögen es Ätherwellen oder Druck oder elektrische Ströme sein, eine Lichtempfindung hervorrufen, das heißt, unsere Sehsinneszellen antworten mit dem gleichen »Merkzeichen«.

Daraus dürfen wir schließen, dass jede lebende Zelle ein Maschinist ist, der merkt und wirkt und daher ihm eigentümliche (spezifische) Merkzeichen und Impulse oder »Wirkzeichen« besitzt. Das vielfältige Merken und Wirken des ganzen Tiersubjektes ist somit auf das Zusammenarbeiten kleiner Zellmaschinisten zurückzuführen, von denen jeder nur über ein Merk- und ein Wirkzeichen verfügt.

Um ein geordnetes Zusammenarbeiten zu ermöglichen, bedient sich der Organismus der Gehirnzellen (auch diese sind elementare Maschinisten) und gruppiert die eine Hälfte als »Merkzellen« im reizaufnehmenden Teil des Gehirns, dem »Merkorgan«, in kleinere oder größere Verbände. Diese Verbände entsprechen äußeren Reizgruppen, welche als Fragen an das Tiersubjekt herantreten. Die andere Hälfte der Gehirnzellen benutzt der Organismus als »Wirkzellen« oder Impulszellen und gruppiert sie zu

Verbänden, mit denen er die Bewegungen der Effektoren beherrscht, die die Antworten des Tiersubjektes an die Außenwelt erteilen.

Die Verbände der Merkzellen erfüllen die »Merkorgane« des Gehirnes, und die Verbände der Wirkzellen bilden den Inhalt der »Wirkorgane« des Gehirnes.

Wenn wir uns demgemäß ein Merkorgan als eine Stätte wechselnder Verbände von Zellmaschinisten vorstellen dürfen, welche die Träger von spezifischen Merkzeichen sind, so bleiben sie doch räumlich getrennte Einzelwesen. Auch ihre Merkzeichen würden isoliert bleiben, wenn sie nicht die Möglichkeit hätten, sich außerhalb des räumlich festgelegten Merkorgans zu neuen Einheiten zu verschmelzen. Und diese Möglichkeit ist tatsächlich vorhanden. Die Merkzeichen einer Gruppe von Merkzellen vereinigen sich außerhalb des Merkorgans, ja außerhalb des Tierkörpers zu Einheiten, welche zu Eigenschaften der außerhalb des Tiersubjektes liegenden Objekte werden. Diese Tatsache ist uns allen wohlbekannt. Alle unsere menschlichen Sinnesempfindungen, die unsere spezifischen Merkzeichen darstellen, vereinigen sich zu den Eigenschaften der Außendinge, die uns als Merkmale für unser Handeln dienen. Die Empfindung »Blau« wird zur »Bläue« des Himmels – die Empfindung »Grün« wird zur »Grüne« des Rasens und so fort. Am Merkmal Blau erkennen wir den Himmel, und am Merkmal Grün erkennen wir den Rasen.

Ganz das Gleiche spielt sich im Wirkorgan ab. Hier spielen die Wirkzellen die Rolle elementarer Maschinisten, die in diesem Falle gemäß ihren Wirkzeichen oder Impulsen zu wohlgegliederten Gruppen angeordnet sind. Auch hier besteht die Möglichkeit, die isolierten Wirkzeichen zu Einheiten zusammenzufassen, die als in sich geschlossene Bewegungsimpulse oder rhythmisch gegliederte Impulsmelodien auf die ihnen unterstellten Muskeln einwirken. Worauf die von den Muskeln in Tätigkeit gesetzten Effektoren den außerhalb des Subjektes gelegenen Objekten ihr »Wirkmal« aufprägen.

Das Wirkmal, das die Effektoren des Subjektes dem Objekt erteilen, ist ohne Weiteres erkennbar – wie die Wunde, die der Bohrrüssel der

Zecke der Haut des von ihr befallenen Säugetiers zufügt. Aber erst die mühevolle Auffindung der Merkmale der Buttersäure und der Wärme hat das Bild der in ihrer Umwelt tätigen Zecke vollendet.

Bildlich gesprochen greift jedes Tiersubjekt mit zwei Gliedern einer Zange sein Objekt an – einem Merk- und einem Wirkgliede. Mit dem einen Gliede erteilt es dem Objekt ein Merkmal und mit dem andern ein Wirkmal. Dadurch werden bestimmte Eigenschaften des Objektes zu Merkmalträgern und andere zu Wirkmalträgern. Da alle Eigenschaften eines Objektes durch den Bau des Objektes miteinander verbunden sind, müssen die vom Wirkmal getroffenen Eigenschaften durch das Objekt hindurch ihren Einfluss auf die das Merkmal tragenden Eigenschaften ausüben und auch auf dieses selbst verändernd einwirken. Dies drückt man am besten kurz so aus: *Das Wirkmal löscht das Merkmal aus.*

Entscheidend für den Ablauf einer jeden Handlung aller Tiersubjekte ist neben der Auswahl von Reizen, welche die Rezeptoren passieren lassen, und neben der Anordnung der Muskeln, die den Effektoren bestimmte Betätigungsmöglichkeiten verleiht, vor allem die Zahl und Anordnung der Merkzellen, die mithilfe ihrer Merkzeichen die Objekte der Umwelt mit Merkmalen auszeichnen, und die Zahl und Anordnung der Wirkzellen, die mit ihren Wirkzeichen die gleichen Objekte mit Wirkmalen versehen.

Das Objekt ist nur insofern an der Handlung beteiligt, als es die nötigen Eigenschaften besitzen muss, die einerseits als Merkmalträger, andererseits als Wirkmalträger dienen können, die durch ein Gegengefüge miteinander in Verbindung stehen müssen.

Die Beziehungen von Subjekt zu Objekt werden am übersichtlichsten durch das Schema des Funktionskreises erläutert (Abb. 3). Er zeigt, wie Subjekt und Objekt ineinander eingepasst sind und ein planmäßiges Ganzes bilden. Stellt man sich weiter vor, dass ein Subjekt durch mehrere Funktionskreise an das gleiche oder an verschiedene Objekte gebunden ist, so erhält man einen Einblick in den ersten Fundamentalsatz der Umweltlehre: Alle Tiersubjekte, die einfachsten wie die vielgestaltigsten,

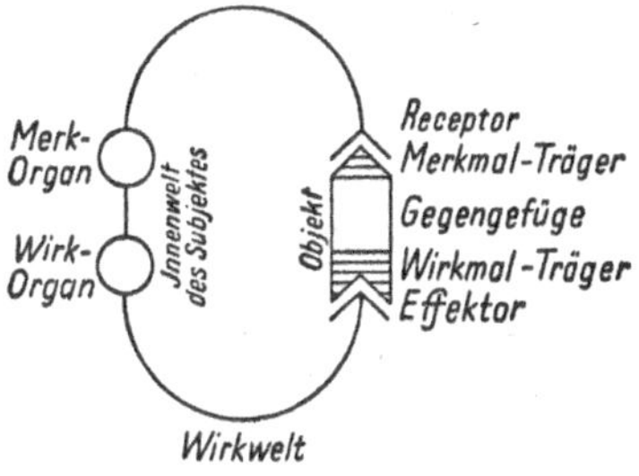

3. Funktionskreis

sind mit der gleichen Vollkommenheit in ihre Umwelten eingepasst. Dem einfachen Tiere entspricht eine einfache Umwelt, dem vielgestaltigen eine ebenso reich gegliederte Umwelt.

Und nun setzen wir in das Schema des Funktionskreises die Zecke als Subjekt und das Säugetier als ihr Objekt ein. Es zeigt sich alsbald, dass drei Funktionskreise planmäßig nacheinander ablaufen. Die Hautdrüsen des Säugetiers bilden die Merkmalträger des ersten Kreises, denn der Reiz der Buttersäure löst im Merkorgan spezifische Merkzeichen aus, die als Geruchsmerkmal hinausverlegt werden. Die Vorgänge im Merkorgan rufen durch Induktion (was das ist, wissen wir nicht) im Wirkorgan entsprechende Impulse hervor, die das Loslassen der Beine und das Herabfallen hervorrufen. Die herabfallende Zecke erteilt den getroffenen Haaren des Säugetiers das Wirkmal des Anstoßens, das nun seinerseits ein Tastmerkmal auslöst, wodurch das Geruchsmerkmal der Buttersäure ausgelöscht wird. Das neue Merkmal löst ein Herumlaufen aus, bis es auf der ersten haarfreien Hautstelle durch das Merkmal Wärme abgelöst wird, worauf das Einbohren beginnt.

Zweifellos handelt es sich hierbei um drei einander ablösende Reflexe, die immer durch objektiv feststellbare physikalische respektive chemische Wirkungen ausgelöst werden. Wer sich aber mit dieser Feststellung begnügt und annimmt, das Problem dadurch gelöst zu haben, beweist nur, dass er das wirkliche Problem gar nicht gesehen hat. Nicht der chemische Reiz der Buttersäure steht infrage, ebenso wenig wie der (durch die Haare ausgelöste) mechanische Reiz, noch der Temperaturreiz der Haut, sondern allein die Tatsache, dass unter den Hunderten von Wirkungen, die von den Eigenschaften des Säugetierkörpers ausgehen, nur drei zu Merkmalträgern für die Zecke werden, und warum gerade diese drei und keine anderen?

Wir haben es nicht mit einem Kräfteaustausch zwischen zwei Objekten zu tun, sondern es handelt sich um die Beziehungen zwischen einem lebenden Subjekt und seinem Objekt, und diese spielen sich auf einer ganz anderen Ebene ab, nämlich zwischen dem Merkzeichen des Subjektes und dem Reiz des Objektes.

Die Zecke hängt regungslos an der Spitze eines Astes in einer Waldlichtung. Ihr ist durch ihre Lage die Möglichkeit geboten, auf ein vorbeilaufendes Säugetier zu fallen. Von der ganzen Umgebung dringt kein Reiz auf sie ein. Da nähert sich ein Säugetier, dessen Blut sie für die Erzeugung ihrer Nachkommen bedarf.

Und nun geschieht etwas höchst Wunderbares: Von allen Wirkungen, die vom Säugetierkörper ausgehen, werden nur drei, und diese in bestimmter Reihenfolge, zu Reizen. Aus der übergroßen Welt, die die Zecke umgibt, leuchten drei Reize wie Lichtsignale aus dem Dunkel hervor und dienen der Zecke als Wegweiser, die sie mit Sicherheit zum Ziele führen. Um das zu ermöglichen, sind der Zecke außer ihrem Körper mit seinen Rezeptoren und Effektoren drei Merkzeichen mitgegeben worden, die sie als Merkmale verwenden kann. Und durch diese Merkmale ist der Zecke der Ablauf ihrer Handlungen so fest vorgeschrieben, dass sie nur ganz bestimmte Wirkmale hervorzubringen vermag.

Die ganze reiche, die Zecke umgebende Welt schnurrt zusammen und verwandelt sich in ein ärmliches Gebilde, das zur Hauptsache noch aus drei Merkmalen und drei Wirkmalen besteht – ihre Umwelt. Die Ärmlichkeit der Umwelt bedingt aber gerade die Sicherheit des Handelns, und Sicherheit ist wichtiger als Reichtum.

Am Beispiel der Zecke lassen sich, wie man sieht, die Grundzüge des Aufbaues der Umwelten, die für alle Tiere gültig sind, ableiten. Aber die

Zecke besitzt noch eine sehr merkwürdige Fähigkeit, die uns einen weiteren Einblick in die Umwelten eröffnet.

Es ist ohne Weiteres klar, dass der Glückszufall, der ein Säugetier unter dem Ast, auf dem die Zecke sitzt, vorbeiführt, außerordentlich selten eintritt. Dieser Nachteil wird auch durch die große Zahl von Zecken, die auf den Büschen lauern, nicht genügend ausgeglichen, um die Fortdauer der Art sicherzustellen. Es muss noch die Fähigkeit der Zecke, lange Zeit ohne Nahrung leben zu können, dazukommen, um die Wahrscheinlichkeit, dass ihr eine Beute in den Weg läuft, zu erhöhen. Und diese Fähigkeit besitzt die Zecke allerdings in ungewöhnlichem Maße. Im Zoologischen Institut zu Rostock hat man Zecken am Leben erhalten, die bereits achtzehn Jahre gehungert hatten.[4] Achtzehn Jahre warten kann die Zecke, das können wir Menschen nicht. Unsere menschliche Zeit besteht aus einer Reihe von Momenten, das heißt kürzesten Zeitabschnitten, innerhalb derer die Welt keine Veränderung zeigt. Während der Dauer eines Momentes steht die Welt still. Der Moment des Menschen währt 1/8 Sekunde.[5] Wir werden später sehen, dass die Dauer des Momentes bei verschiedenen Tieren wechselt, aber welche Zahl wir auch für die Zecke ansetzen wollen, die Fähigkeit, eine nie wechselnde Umwelt achtzehn Jahre lang zu ertragen, liegt außerhalb des Bereiches jeder Möglichkeit. Wir werden daher annehmen, dass die Zecke während ihrer Wartezeit sich in einem schlafähnlichen Zustand befindet, der ja auch bei uns die Zeit stundenlang unterbricht. Nur ruht die Zeit in der Umwelt der Zecke während ihrer Warteperiode nicht bloß stundenlang, sondern über viele Jahre, und tritt erst wieder in Wirksamkeit, wenn das Signal Buttersäure die Zecke zu neuer Tätigkeit erweckt.

Was haben wir mit dieser Erkenntnis gewonnen? Etwas sehr Bedeutsames. Die Zeit, die alles Geschehen umrahmt, scheint uns das allein objektiv Feststehende zu sein gegenüber dem bunten Wechsel ihres Inhaltes, und nun sehen wir, dass das Subjekt die Zeit seiner Umwelt beherrscht. Während wir bisher sagten: Ohne Zeit kann es kein lebendes Subjekt geben, werden wir jetzt sagen müssen: Ohne ein lebendes Subjekt kann es keine Zeit geben.

Wir werden im nächsten Kapitel sehen, dass das Gleiche auch für den Raum gilt: Ohne ein lebendes Subjekt kann es weder Raum noch Zeit geben. Damit hat die Biologie endgültig Anschluss an die Lehre Kants gewonnen, die sie in der Umweltlehre durch Betonung der entscheidenden Rolle der Subjekte naturwissenschaftlich ausbeuten will.

1. Die Umwelträume

Wie ein Feinschmecker sich aus dem Kuchen nur die Rosinen heraussucht, so hat die Zecke aus den Dingen ihrer Umgebung nur die Buttersäure herausgelöst. Uns interessiert es nicht zu wissen, welche Geschmacksempfindungen die Rosinen dem Feinschmecker bereiten, sondern nur die Tatsache, dass die Rosinen zu Merkmalen seiner Umwelt werden, weil sie für ihn von besonderer biologischer Bedeutung sind; so fragen wir auch nicht, wie die Buttersäure der Zecke riecht oder schmeckt, sondern wir registrieren nur die Tatsache, dass die Buttersäure als biologisch bedeutsam zum Merkmal der Zecke wird.

Wir begnügen uns mit der Feststellung, dass im Merkorgan der Zecke Merkzellen vorhanden sein müssen, die ihre Merkzeichen hinaussenden, wie wir das auch für das Merkorgan des Feinschmeckers annehmen. Nur verwandeln die Merkzeichen der Zecke den Buttersäurereiz in ein Merkmal ihrer Umwelt, während die Merkzeichen des Feinschmeckers in seiner Umwelt den Rosinenreiz in ein Merkmal verwandeln.

Die Umwelt des Tieres, die wir gerade erforschen wollen, ist nur ein Ausschnitt aus der Umgebung, die wir um das Tier ausgebreitet sehen – und diese Umgebung ist nichts anderes als unsere eigene menschliche Umwelt. Die erste Aufgabe der Umweltforschung besteht darin, die Merkmale des Tieres aus den Merkmalen seiner Umgebung herauszusuchen und mit ihnen die Umwelt des Tieres aufzubauen. Das Merkmal der Rosinen lässt die Zecke völlig kalt, während das Merkmal der Buttersäure in ihrer Umwelt eine hervorragende Rolle spielt. In der Umwelt des Feinschmeckers liegt der Akzent der Bedeutsamkeit dagegen nicht auf der Buttersäure, sondern auf dem Merkmal der Rosinen.

Jedes Subjekt spinnt seine Beziehungen wie die Fäden einer Spinne zu bestimmten Eigenschaften der Dinge und verwebt sie zu einem festen Netz, das sein Dasein trägt.

Welcherart die Beziehungen zwischen dem Subjekt und den Objekten seiner Umgebung sein mögen, stets spielen sie sich außerhalb des Subjektes ab, woselbst wir die Merkmale zu suchen haben. Die Merkmale sind daher immer irgendwie räumlich gebunden, und da sie in bestimmter Reihenfolge einander ablösen, sind sie auch zeitlich gebunden.

Nur allzu leicht wiegen wir uns in dem Wahne, dass die Beziehungen des fremden Subjektes zu seinen Umweltdingen sich im gleichen Raume und in der gleichen Zeit abspielen wie die Beziehungen, die uns mit den Dingen unserer Menschenwelt verknüpfen. Genährt wird dieser Wahn durch den Glauben an die Existenz einer einzigen Welt, in die alle Lebewesen eingeschachtelt sind. Daraus entspringt die allgemein gehegte Überzeugung, dass es nur einen Raum und eine Zeit für alle Lebewesen geben müsse. Erst in letzter Zeit sind den Physikern Zweifel an der Existenz eines Weltalls mit einem für alle Wesen gültigen Raum aufgestiegen. Dass es einen solchen Raum nicht geben kann, geht schon aus der Tatsache hervor, dass jeder Mensch in drei Räumen lebt, die sich gegenseitig durchdringen, vervollständigen, aber auch zum Teil widersprechen.

Der Wirkraum

Wenn wir mit geschlossenen Augen unsere Gliedmaßen frei bewegen, so sind uns diese Bewegungen sowohl ihren Richtungen wie ihren Ausmaßen nach genau bekannt. Wir ziehen mit unserer Hand Wege in einen Raum, den man als Spielraum unserer Bewegungen oder kurz als unseren *Wirkraum* bezeichnet. Alle diese Wege durchmessen wir in kleinsten Schritten, die wir als *Richtungsschritte* bezeichnen wollen, weil uns die Richtung eines jeden Schrittes durch eine Richtungsempfindung oder *Richtungszeichen* genau bekannt ist. Und zwar unterscheiden wir sechs Richtungen, die paarweise einander entgegengesetzt sind: nach rechts und links, nach oben und unten, nach vorn und hinten.

Eingehende Versuche haben ergeben, dass die kürzesten von uns ausführbaren Schritte, gemessen am Zeigefinger des ausgestreckten Armes, circa zwei Zentimeter betragen. Diese Schritte geben, wie man

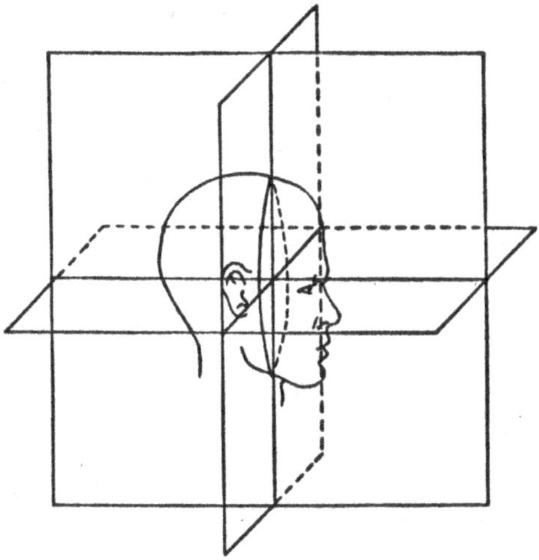

4. Koordinatensystem des Menschen

sieht, kein sehr genaues Maß für den Raum, in dem sie ausgeführt werden. Von dieser Ungenauigkeit kann sich jeder leicht überzeugen, wenn er versucht, bei geschlossenen Augen die beiden Zeigefinger seiner Hände aneinanderstoßen zu lassen. Er würde sich davon überzeugen, dass dies meist misslingt und sie bis zu zwei Zentimeter Entfernung aneinander vorbeigleiten.

Von größter Bedeutung für uns ist es, dass wir die einmal ausgeführten Wege sehr leicht im Gedächtnis behalten, was uns das Schreiben im Dunkeln ermöglicht. Man nennt diese Fähigkeit »Kinästhesie«, womit nichts Neues gesagt ist.

Nun ist aber der Wirkraum nicht bloß ein aus Tausend sich kreuzenden Richtungsschritten aufgebauter Bewegungsraum, sondern besitzt ein ihn beherrschendes System von senkrecht aufeinandergestellten Ebenen, das allbekannte Koordinatensystem, das allen Raumbestimmungen als Grundlage dient.

Es ist von grundsätzlicher Wichtigkeit, dass jeder, der sich mit dem Raumproblem befasst, sich von dieser Tatsache überzeugt. Nichts ist

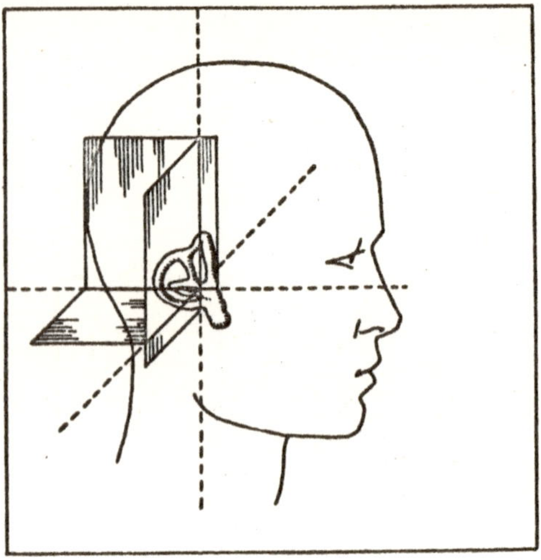

5. Bogengänge des Menschen

einfacher als dies. Man braucht nur bei geschlossenen Augen mit der senkrecht zur Stirn gestellten Handfläche hin und her zu fahren, um mit Sicherheit feststellen zu können, wo die Grenze zwischen rechts und links gelegen ist. Diese Grenze fällt nahezu mit der Medianebene des Körpers zusammen. Wenn man mit der horizontal gestellten Handfläche vor dem Gesicht auf und ab fährt, kann man ohne Weiteres feststellen, wo die Grenze zwischen oben und unten gelegen ist. Diese Grenze befindet sich bei den meisten Menschen in Augenhöhe. Doch gibt es eine große Anzahl von Leuten, die diese Grenze in der Höhe der Oberlippe ansetzen. Am meisten wechselt die Grenze zwischen vorn und hinten, die man mit der frontal gestellten Handfläche durch Hin- und Herfahren seitlich des Kopfes ermittelt. Eine große Anzahl von Personen geben diese Ebene in der Gegend des Ohreinganges an, andere bezeichnen den Jochbogen als Grenzebene, und schließlich wird die Ebene auch vor die Nasenspitze verlegt. Jeder normale Mensch trägt ein aus diesen drei Ebenen gebildetes Koordinatensystem, das mit seinem Kopf fest verbunden ist, mit sich herum (Abb. 4) und erteilt damit

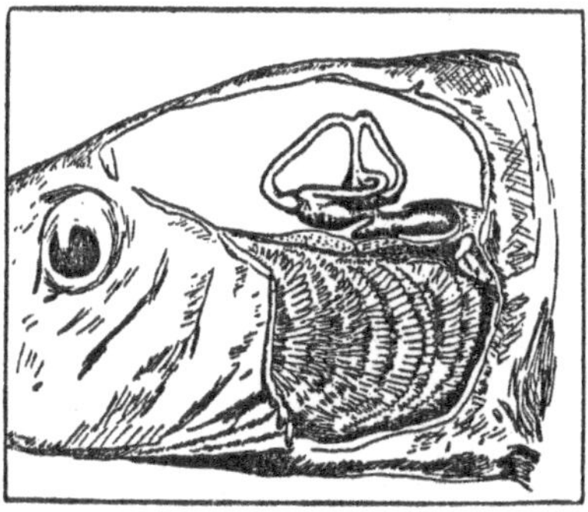

6. Bogengänge des Fisches

seinem Wirkraum den festen Rahmen, in dem sich Richtungsschritte tummeln.

In das wechselnde Gewirr von Richtungsschritten, die als Bewegungselemente dem Wirkraum keine Festigkeit verleihen können, tragen die ruhenden Ebenen ein festes Gerüst hinein, das die Ordnung des Wirkraumes verbürgt.

Es ist das große Verdienst von Cyon[6] gewesen, dass er die Dreidimensionalität unseres Raumes auf ein in unserem inneren Ohr gelegenes Sinnesorgan zurückgeführt hat – die sogenannten Bogengänge (Abb. 5), deren Lage ungefähr den drei Ebenen des Wirkraumes entspricht.

Dieser Zusammenhang ist durch zahlreiche Experimente so klar erwiesen, dass wir die Behauptung aufstellen können: Alle Tiere, die die drei Bogengänge besitzen, verfügen auch über einen dreidimensionalen Wirkraum.

Abb. 6 zeigt die Bogengänge eines Fisches. Dass diese von großer Bedeutung für das Tier sein müssen, ist augenscheinlich. Dafür spricht auch ihr innerer Bau, der ein Röhrensystem darstellt, in dem sich eine Flüssigkeit unter Kontrolle der Nerven in den drei Richtungen des Raumes bewegt. Die Flüssigkeitsbewegung spiegelt getreulich die Bewegungen des ganzen Körpers wider. Das weist uns darauf hin, dass dem Organ

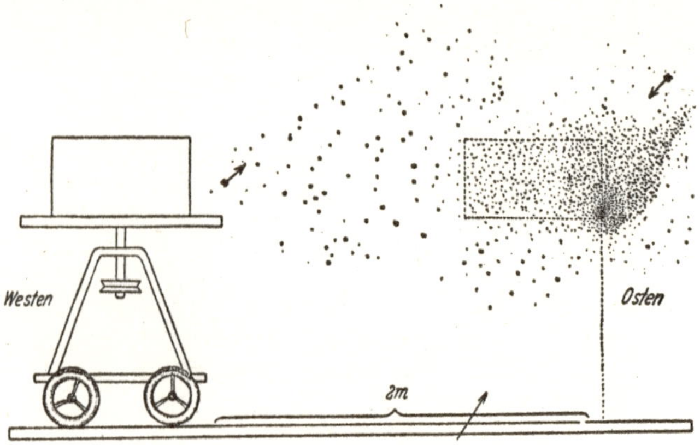

7. Wirkraum der Biene

außer der Aufgabe, die drei Ebenen in den Wirkraum zu verlegen, noch eine andere Bedeutung zukommt. Und zwar scheint es dazu berufen zu sein, die Rolle eines Kompasses zu spielen. Nicht eines Kompasses, der immer nur nach Norden weist, sondern eines Kompasses für die »Haustüre«. Wenn alle Bewegungen des Gesamtkörpers in den Bogengängen nach drei Richtungen zerlegt und markiert werden, so muss sich das Tier, wenn es beim Herumlaufen die nervlichen Markierungen wieder auf null zurückgeführt hat, wieder an seinem Ausgangspunkt befinden.

Dass ein Kompass für die Haustüre für alle Tiere, die einen festen Standort besitzen, mag es ein Nistplatz oder ein Laichplatz sein, ein notwendiges Hilfsmittel sein muss, ist zweifellos. Die Festlegung der Haustüre durch optische Merkmale im Sehraum genügt in den meisten Fällen nicht, denn sie muss wiedergefunden werden, auch wenn sie ihr Aussehen verändert hat.

Die Fähigkeit, die Haustüre im reinen Wirkraum wiederzufinden, kann auch bei Insekten und Mollusken nachgewiesen werden, obgleich diese Tiere keine Bogengänge besitzen.

Ein sehr überzeugender Versuch ist folgender (Abb. 7). Ein Bienenstock wird, während die meisten Bienen ausgeflogen sind, um zwei

8. Heimfindung der Napfschnecke

Meter verschoben. Dann zeigt es sich, dass die Bienen sich an dem Ort in der freien Luft sammeln, an dem vorher das Ausflugloch - ihre Haustüre - sich befunden hat. Erst nach fünf Minuten stellen sich die Bienen um und fliegen dem Stock zu.

Man hat diese Versuche weitergeführt und gezeigt, dass Bienen, denen man die Fühler abgeschnitten hat, sofort dem verstellten Stock zufliegen. Das bedeutet, dass sie nur, solange sie im Besitze ihrer Fühler sind, sich vornehmlich im Wirkraum orientieren. Ohne diese richten sie sich nach den optischen Eindrücken des Sehraums. Es müssen also die Fühler der Biene irgendwie die Rolle des Kompasses der Haustüre im normalen Leben übernehmen, der ihnen sicherer den Rückweg anzeigt als die Gesichtseindrücke.

Noch auffallender ist die gleiche Heimfindung, die die Engländer »*homing*« nennen, bei der Napfschnecke Patella (Abb. 8). Die Patella lebt innerhalb der Flut- und Ebbezone auf dem Felsgrunde. Die großen Exemplare haben sich mit ihrer harten Schale in den Felsen ein

Bett eingekratzt, auf dem sie die Ebbezeit hart an den Fels gepresst verbringen. Zur Zeit der Flut fangen sie an zu wandern und grasen das Felsgestein in ihrer Umgebung ab. Sobald die Ebbe eintritt, suchen sie ihr Bett wieder auf, nicht immer schlagen sie dabei den gleichen Weg ein. Die Augen der Patella sind so primitiv, dass die Schnecke mit ihrer Hilfe allein die Haustüre unmöglich wiederfinden könnte. Das Vorhandensein eines Geruchsmerkmals ist ebenso unwahrscheinlich wie das eines optischen Merkmals. So bleibt nur die Annahme eines Kompasses im Wirkraum übrig, von dem wir uns aber keine Vorstellung machen können.

Der Tastraum

Der elementare Baustein des Tastraumes ist keine Bewegungsgröße wie der Richtungsschritt, sondern eine feststehende, nämlich der *Ort*. Auch der Ort verdankt sein Dasein einem Merkzeichen des Subjektes und ist kein an den Stoff der Umgebung gebundenes Gebilde. Der Beweis hierfür wurde von Weber[7] erbracht. Wenn man (Abb. 9) die Spitzen eines Zirkels, die über einen Zentimeter voneinander entfernt sind, einer Versuchsperson auf den Nacken setzt, so werden beide deutlich voneinander unterschieden. Eine jede von ihnen befindet sich an einem anderen Ort. Führt man nun, ohne ihren Abstand zu ändern, beide Zirkelspitzen zum Rücken hinab, so nähern sie sich im Tastraum der Versuchsperson immer mehr, bis sie auf dem gleichen Ort zu liegen scheinen.

Daraus geht hervor, dass wir außer dem Merkzeichen der Tastempfindung auch Merkzeichen für die Ortsempfindung besitzen, die wir Lokalzeichen nennen. Jedes Lokalzeichen liefert, hinaus verlegt, einen Ort im Tastraum. Die Bezirke unserer Haut, die das gleiche Lokalzeichen bei ihrer Berührung in uns auslösen, wechseln außerordentlich an Größe, je nach der Bedeutung, die die betreffende Hautstelle für das Tasten besitzt. Neben der Zungenspitze, die unsere Mundhöhle abtastet, besitzen die Fingerkuppen die kleinsten Bezirke und vermögen

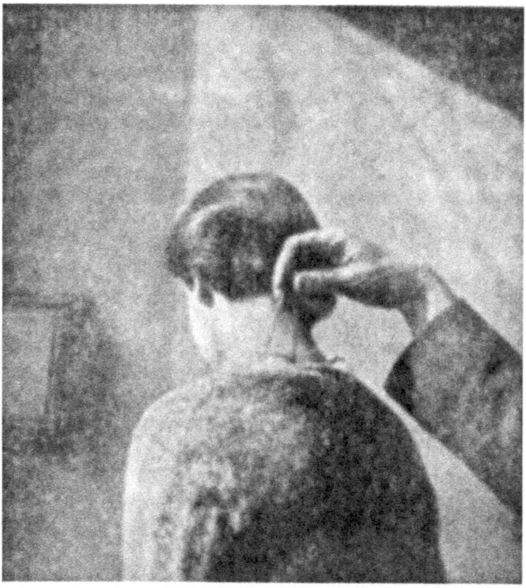

9. Zirkelversuch von Weber

daher die meisten Orte zu unterscheiden. Wenn wir einen Gegenstand abtasten, erteilen wir seiner Oberfläche mithilfe unserer tastenden Finger ein feines Ortemosaik. Das Ortemosaik der Gegenstände der Orte eines Tieres ist sowohl im Tastraum wie im Sehraum ein Geschenk des Subjektes an seine Umweltdinge, das in der Umgebung gar nicht vorhanden ist.

Beim Abtasten verbinden sich die Orte mit den Richtungsschritten und dienen beide der Gestaltgebung.

Der Tastraum spielt bei vielen Tieren eine ganz hervorragende Rolle. Ratten und Katzen bleiben in ihren Bewegungen ganz unbehindert, auch wenn sie das Augenlicht verloren haben - so lange sie ihre Tasthaare besitzen. Alle Nachttiere und alle Höhlen bewohnenden Tiere leben vornehmlich im Tastraum, der eine Verschmelzung von Orten und Richtungsschritten darstellt.

Die augenlosen Tiere, die, wie die Zecke, eine lichtempfindliche Haut besitzen, werden voraussichtlich die gleichen Hautbezirke für die Erzeugung von Lokalzeichen sowohl für Lichtreize als für Tastreize besitzen. Sehorte und Tastorte fallen in ihrer Umwelt zusammen.

Erst bei den Augen tragenden Tieren fallen Sehraum und Tastraum deutlich auseinander. In der Netzhaut des Auges liegen die sehr kleinen Elementarbezirke - die Sehelemente - dicht beieinander. Einem jeden Sehelement entspricht ein Ort in der Umwelt, da es sich herausgestellt hat, dass jedem Sehelement ein Lokalzeichen zukommt.

Abb. 10 stellt den Sehraum eines fliegenden Insektes dar. Es ist leicht verständlich, dass infolge des kugeligen Baues des Auges der Bezirk der Außenwelt, der auf ein Sehelement trifft, sich mit zunehmender Entfernung vergrößert und immer umfassendere Teile der Außenwelt von einem Ort gedeckt werden. Infolgedessen werden alle Gegenstände, die sich vom Auge entfernen, kleiner und kleiner werden, bis sie innerhalb eines Ortes verschwinden. Denn der Ort stellt das kleinste Raumgefäß dar, innerhalb dessen es keine Unterschiede gibt.

Das Kleinerwerden der Gegenstände findet im Tastraum nicht statt. Und dies ist der Punkt, bei dem Sehraum und Tastraum in Wettstreit geraten. Wenn man mit ausgestrecktem Arm eine Tasse ergreift und zum Munde führt, so wird sie im Sehraum größer, ändert aber im Tastraum ihre Größe nicht. In diesem Falle hat der Tastraum das Übergewicht, denn das Größerwerden der Tasse wird von einem unbefangenen Beobachter nicht bemerkt.

Wie die tastende Hand breitet auch das umherblickende Auge über alle Dinge der Umwelt ein feines Ortemosaik, dessen Feinheit von der Zahl der Sehelemente, die den gleichen Ausschnitt aus der Umgebung erfassen, abhängig ist.

Da die Zahl der Sehelemente bei den Augen der verschiedenen Tiere außerordentlich wechselt, muss auch das Ortemosaik ihrer Umwelt die gleichen Unterschiede zeigen. Je gröber das Ortemosaik, um so mehr

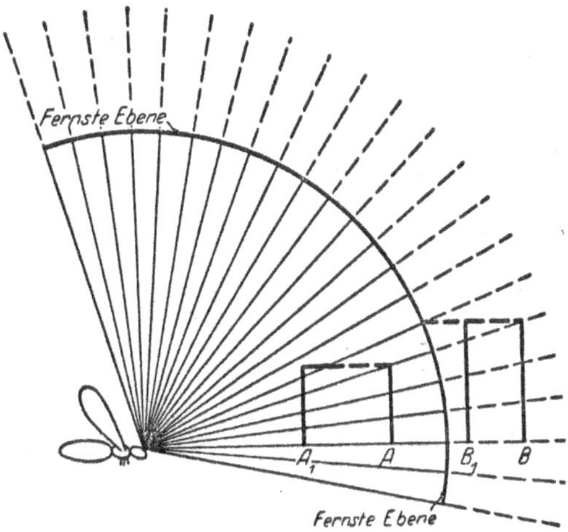

10. Sehraum eines fliegenden Insekts

gehen die Einzelheiten der Dinge verloren, und die Welt, durch ein Fliegenauge gesehen, muss erheblich vergröbert erscheinen gegenüber der durch ein Menschenauge betrachteten.

Da man jedes Bild durch Auflegen eines feinen Gitters in ein Ortemosaik verwandeln kann, bietet die Gittermethode uns die Möglichkeit, die Unterschiede des Ortemosaiks der verschiedenen Tieraugen zur Anschauung zu bringen.

Man braucht nur das gleiche Bild immer weiter zu verkleinern, mit dem gleichen Gitter versehen erneut zu fotografieren und dann wieder zu vergrößern. Dann wird es sich in ein immer weiter vergröbertes Mosaik verwandeln. Da das mitfotografierte Gitter störend wirkt, haben wir die gröberen Mosaikbilder als Aquarell ohne Gitter wiedergegeben. Abb. 11a–d sind mit der Gittermethode hergestellt. Sie bieten die Möglichkeit, eine Anschauung der Umwelt eines Tieres zu gewinnen, wenn man die Anzahl der Sehelemente seines Auges kennt. Abb. 11c entspricht ungefähr dem Bilde, das das Auge der Stubenfliege liefert. Man wird leicht verstehen, dass in einer Umwelt, die so wenig Einzelheiten

11a. Dorfstraße fotografiert

11b. Dorfstraße durch ein Gitter aufgenommen

11c. Dieselbe Dorfstraße für ein Fliegenauge

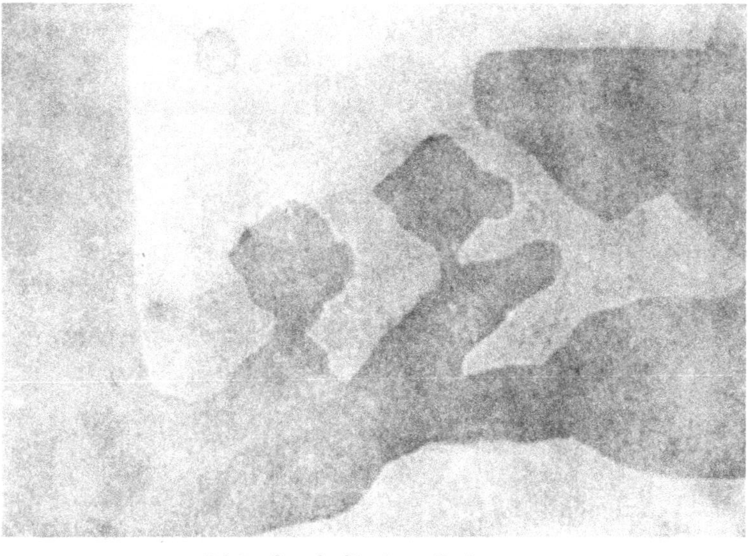

11d. Dorfstraße für ein Molluskenauge

zeigt, die Fäden eines Spinnennetzes völlig verloren gehen müssen und wir sagen dürfen: Die Spinne webt ein Netz, das ihrem Beutetier völlig unsichtbar bleibt.

Die letzte Abbildung (11d) entspricht ungefähr dem Bildeindruck eines Molluskenauges. Wie man sieht, enthält der Sehraum der Schnecken und Muscheln nur noch eine Anzahl von dunklen und hellen Flächen.

Wie im Tastraum sind auch im Sehraum die Verbindungen von Ort zu Ort durch Richtungsschritte geschaffen. Wenn wir unter der Lupe, deren Aufgabe darin besteht, eine große Anzahl von Orten auf eine kleine Fläche zu vereinigen, einen Gegenstand präparieren, so können wir feststellen, dass nicht nur unser Auge, sondern auch unsere Hand, die die Präpariernadel führt, viel kürzere Richtungsschritte ausführt, entsprechend den nahe aneinandergerückten Orten.

2. Die fernste Ebene

Im Gegensatz zum Wirkraum und Tastraum ist der Sehraum von einer undurchdringlichen Wand rings umschlossen, die wir den Horizont oder die fernste Ebene nennen.

Sonne, Mond und Sterne wandern ohne jeden Tiefenabstand voneinander auf der gleichen fernsten Ebene, die alles Sichtbare umschließt. Die Lage der fernsten Ebene ist nicht unverrückbar festgelegt. Als ich nach einem schweren Typhus den ersten Gang ins Freie machte, hing die fernste Ebene wie eine bunte Tapete in circa zwanzig Metern Entfernung vor mir herab, auf der alle sichtbaren Dinge abgebildet waren. Jenseits der zwanzig Meter gab es keine ferneren und näheren Gegenstände, sondern nur kleinere und größere. Selbst die Wagen, die an mir vorüberfuhren, wurden, sobald sie die fernste Ebene erreicht hatten, nicht mehr ferner, sondern nur kleiner.

Die Linse unseres Auges hat die gleiche Aufgabe wie die Linse einer fotografischen Kamera: nämlich die vor dem Auge befindlichen Gegenstände scharf auf die Netzhaut - die der lichtempfindlichen Platte entspricht - einzustellen. Die Linse des menschlichen Auges ist elastisch und kann durch besondere Linsenmuskeln gekrümmt werden (was den gleichen Erfolg hat wie ein Heranschieben der Linse am Fotoapparat).

Bei der Verkürzung der Linsenmuskeln treten Richtungszeichen für die Richtung von hinten nach vorne auf. Wenn die erschlaffenden Muskeln von der elastischen Linse gedehnt werden, treten Richtungszeichen auf, die die Richtung von vorne nach hinten angeben.

Sind die Muskeln völlig erschlafft, so ist das Auge auf die Entfernung von zehn Metern bis Unendlich eingestellt.

Innerhalb eines Umkreises von zehn Meter sind uns durch die Muskelbewegung die Dinge in unserer Umwelt als nah und fern bekannt. Außerhalb dieses Umkreises gibt es ursprünglich nur ein Größer- und Kleinerwerden von Gegenständen. Hier endet beim Säugling der Sehraum mit einer alles umschließenden fernsten Ebene. Erst nach und

12. Die fernste Ebene eines Erwachsenen (unten) und eines Kindes (oben)

nach lernen wir es, mithilfe von Entfernungszeichen die fernste Ebene immer weiter hinauszuschieben, bis sie in einer Entfernung von sechs bis acht Kilometern auch beim Erwachsenen dem Sehraum ein Ende macht und der Horizont beginnt.

Den Unterschied des Sehraumes eines Kindes und eines Erwachsenen erläutert Abb. 12, die eine von Helmholtz[8] mitgeteilte Erfahrung anschaulich wiedergibt. Er berichtet, dass er als kleiner Knabe an der Potsdamer Garnisonkirche vorüberging, auf deren Galerie er einige Arbeiter bemerkte. Da bat er seine Mutter, sie möge ihm doch ein paar der kleinen Püppchen herunterholen. Kirche und Arbeiter lagen bereits in seiner fernsten Ebene und waren daher nicht fern, sondern klein. Er hatte daher allen Grund, anzunehmen, dass seine Mutter mit ihrem langen Arm die Püppchen von der Galerie herunterholen könne. Er wusste nicht, dass in der Umwelt seiner Mutter die Kirche ganz andere Dimensionen besaß und sich auf der Galerie nicht kleine, sondern entfernte Menschen befanden. Die Lage der fernsten Ebene ist in den Umwelten der Tiere schwer zu ergründen, weil es meist nicht leicht ist, experimentell festzustellen, wann ein in der Umgebung sich dem Subjekt

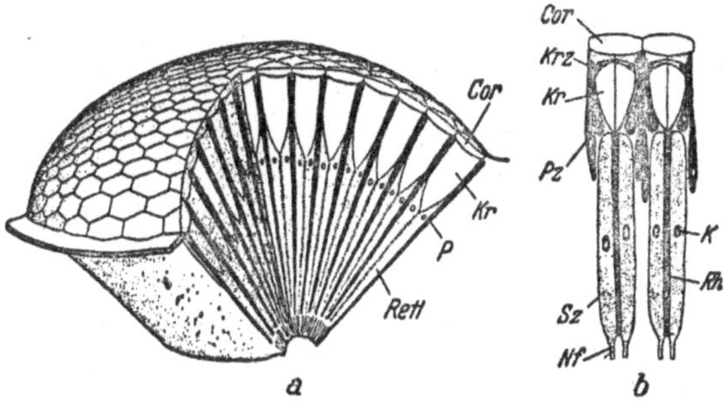

13. Bau eines Komplexauges einer Fliege. Schematisch, a: Ganzes Auge, aus dem rechts ein Stück ausgeschnitten ist (nach Hesse), b: 2 Ommatidien. *Cor* Chitincornea, *K* Kern, *Kr* Kristallkegel, *Krz* Kristallkegelzelle, *Nf* Nervenfaser, *P* Pigment, *Pz* Pigmentzellen, *Retl* Retinula, *Rh* Rhabdom, *Sz* Sehzelle

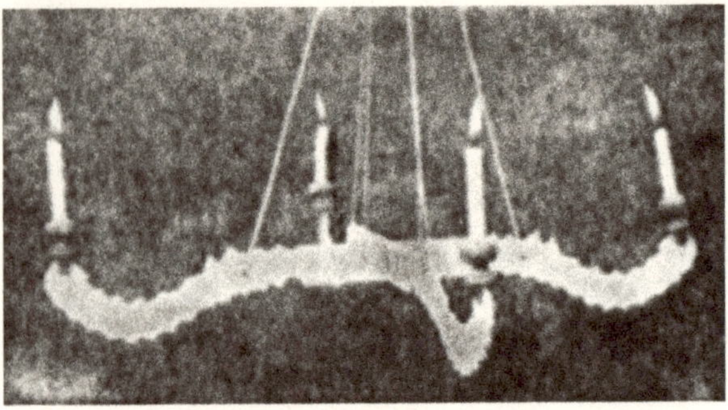

14. Kronleuchter für den Menschen

nähernder Gegenstand in der Umwelt des Subjekts nicht bloß größer, sondern näher wird. Versuche beim Fangen von Stubenfliegen zeigen, dass die sich nähernde Hand des Menschen erst in circa einem halben Meter Entfernung ihr Wegfliegen veranlasst. Demnach dürfte man annehmen, dass die fernste Ebene in diesem Abstand zu suchen sei.

Aber andere Beobachtungen an der Stubenfliege machen es wahrscheinlich, dass in ihrer Umwelt die fernste Ebene noch andersartig in Erscheinung tritt. Es ist bekannt, dass Fliegen eine herabhängende Lampe oder einen Kronleuchter nicht einfach umkreisen, sondern immer ruckweise den Flug unterbrechen, wenn sie sich einen halben Meter von ihm entfernt haben, um dann nahe an ihm vorbei- oder unter ihm wegzufliegen. Sie benehmen sich dabei wie ein Bootsmann, der mit seinem Segelboot nicht außer Sicht einer Insel geraten will.

Nun ist (Abb. 13) das Auge einer Fliege so gebaut, dass seine Sehelemente (Rhabdome) lange nervliche Gebilde darstellen, die das von ihren Linsen entworfene Bild in wechselnder Tiefe auffangen müssen, entsprechend dem Abstand des gesehenen Gegenstandes. Exner[9] hat die Vermutung ausgesprochen, dass es sich hier um einen Ersatz des muskulösen Linsenapparates unseres Auges handeln könnte.

Nimmt man an, dass der optische Apparat der Sehelemente wie eine Vorsatzlinse wirkt, so würde der Kronleuchter in einer bestimmten Entfernung verschwinden und dadurch die Rückkehr der Fliege veranlassen.

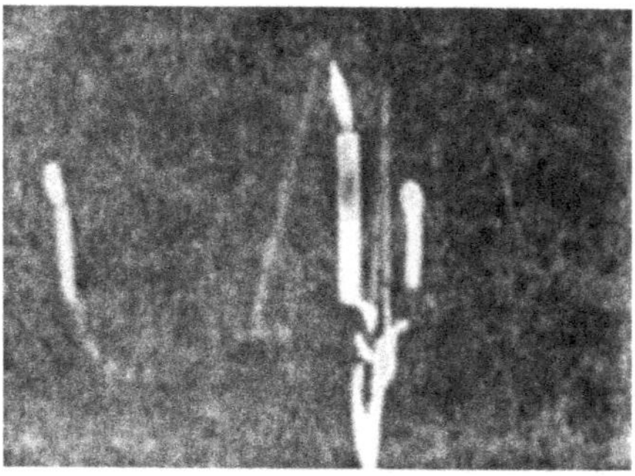

15. Kronleuchter für die Fliege

Man vergleiche hierzu die beiden Abbildungen 14 und 15, die einen Kronleuchter ohne und mit Vorsatzlinse aufgenommen darstellen.

Ob die fernste Ebene in dieser oder einer anderen Weise den Sehraum abschließt – vorhanden ist sie immer. Deshalb dürfen wir uns alle Tiere, die die Natur um uns beleben, seien es Käfer, Schmetterlinge, Fliegen, Mücken und Libellen, die eine Wiese bevölkern, mit einer ringsum geschlossenen Seifenblase vorstellen, die ihren Sehraum abschließt und in der alles für das Subjekt Sichtbare beschlossen ist. Jede Seifenblase beherbergt andere Orte, und in jeder befinden sich auch die Richtungsebenen des Wirkraumes, die dem Raum ein festes Gerüst verleihen. Die Vögel, die umherflattern, die Eichhörnchen, die auf den Zweigen hin und her hüpfen, oder die Kühe, die auf der Wiese weiden, sie alle bleiben dauernd von ihrer den Raum abschließenden Seifenblase umgeben.

Erst wenn wir uns diese Tatsache lebhaft vor Augen führen, werden wir auch in unserer Welt die Seifenblase erkennen, die einen jeden von uns rings umschließt. Dann werden wir auch alle unsere Mitmenschen von Seifenblasen umgeben sehen, die sich reibungslos durchschneiden, weil sie aus subjektiven Merkzeichen aufgebaut sind. Einen von den Subjekten unabhängigen Raum gibt es gar nicht. Wenn wir doch an der Fiktion eines allumfassenden Weltraumes festhalten, so geschieht das bloß, weil wir mithilfe dieser konventionellen Fabel uns leichter miteinander verständigen können.

3. Die Merkzeit

Karl Ernst von Baer[10] gebührt das Verdienst, die Zeit als ein Erzeugnis des Subjektes anschaulich gemacht zu haben. Die Zeit als Aufeinanderfolge von Momenten wechselt von Umwelt zu Umwelt, je nach der Anzahl von Momenten, welche die Subjekte in der gleichen Zeitspanne erleben. Die Momente sind die kleinsten unteilbaren Zeitgefäße, weil sie der Ausdruck von unteilbaren Elementarempfindungen, den sogenannten Momentzeichen, sind. Für den Menschen beträgt, wie bereits gesagt, die Dauer eines Momentes 1/18 Sekunde. Und zwar ist der Moment für alle Sinnesgebiete der gleiche, weil alle Sinnesempfindungen von dem gleichen Momentzeichen begleitet werden.

Achtzehn Luftschwingungen werden nicht mehr unterschieden, sondern als ein einheitlicher Ton gehört.

Es hat sich gezeigt, dass der Mensch achtzehn Stöße, die seine Haut treffen, als gleichmäßigen Druck empfindet.

Die Kinematografie bietet uns die Möglichkeit, Bewegungen der Außenwelt in dem uns gewohnten Tempo auf die Leinwand zu werfen. Dabei folgen sich die einzelnen Bilder in kleinen Rucken von 1/18 Sekunden.

Wollen wir Bewegungen verfolgen, die für unser Auge zu schnell ablaufen, so bedienen wir uns der Zeitlupe.

Zeitlupe nennt man das Verfahren, eine größere Anzahl von Bildern in der Sekunde aufzunehmen, um sie dann im normalen Tempo vorzuführen. Dabei dehnen wir die Bewegungsvorgänge über eine längere Zeitspanne aus und gewinnen dadurch die Möglichkeit, Vorgänge, die für unser menschliches Zeittempo (von achtzehn in der Sekunde) zu schnell sind – wie der Flügelschlag der Vögel und Insekten –, anschaulich zu machen. Wie die Zeitlupe die Bewegungsvorgänge verlangsamt, so werden sie vom Zeitraffer beschleunigt. Wenn wir einen Vorgang alle Stunden einmal aufnehmen und dann im Achtzehntel-Sekunden-Tempo vorführen, so drängen wir ihn auf eine kurze Spanne zusammen

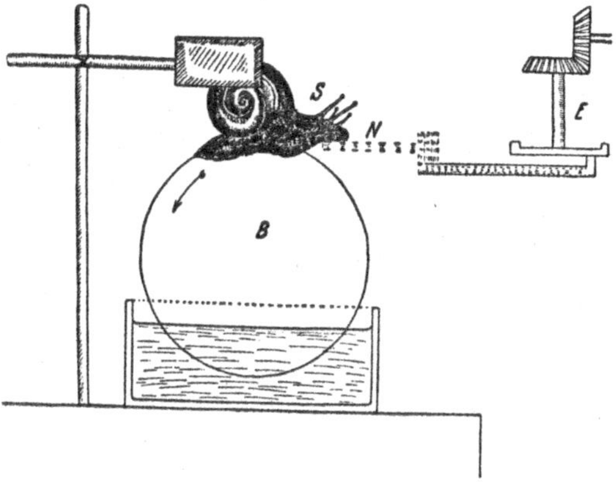

16. Der Moment der Schnecke. *B* = Ball, *E* = Exzenter,
N = Stab, *S* = Schnecke

und gewinnen dadurch die Möglichkeit, Vorgänge, die für unser Tempo zu langsam sind, wie das Aufblühen einer Blume, in unsere Anschauung zu rücken.

Es erhebt sich die Frage, ob es Tiere gibt, deren Merkzeit kürzere oder längere Momente besitzt als unsere und in deren Umwelt infolgedessen die Bewegungsvorgänge langsamer oder schneller ablaufen als in der unseren.

Die ersten Versuche in dieser Richtung hat ein junger deutscher Forscher angestellt. Später hat er unter Mitarbeit eines anderen speziell die Reaktion des Kampffisches auf sein eigenes Spiegelbild benutzt. Der Kampffisch erkennt sein Spiegelbild nicht wieder, wenn es ihm achtzehnmal in der Sekunde gezeigt wird. Es muss ihm mindestens dreißigmal in der Sekunde vorgeführt werden.

Ein dritter Forscher dressierte die Kampffische darauf, nach ihrem Futter zu schnappen, wenn dahinter eine graue Scheibe gedreht wurde. Wenn dagegen eine Scheibe mit schwarzen und weißen Sektoren langsam bewegt wurde, so wirkte sie als »Warnungstafel«, denn dann erhielten die Fische, wenn sie sich dem Futter näherten, einen leichten Schlag.

Wurde nun die Sektorenscheibe immer schneller gedreht, so wurden bei einer bestimmten Geschwindigkeit die Reaktionen unsicherer, und bald darauf schlugen sie in das Gegenteil um. Das geschah erst, wenn die schwarzen Sektoren innerhalb 1/50 Sekunde aufeinanderfolgten. Die schwarz-weiße Warnungstafel war dann grau geworden.

Daraus geht mit Sicherheit hervor, dass bei diesen Fischen, die von schnell beweglicher Beute leben, alle Bewegungsvorgänge – wie bei der Zeitlupe – verlangsamt in ihrer Umwelt auftreten.

Ein Beispiel für die Zeitraffung gibt die Abb. 16, die der oben erwähnten Arbeit entnommen ist. Eine Weinbergschnecke wird auf einen Gummiball gesetzt, der, vom Wasser getragen, reibungslos unter ihr weggleiten kann. Die Schale der Schnecke wird durch eine Klammer festgehalten. Dadurch ist die Schnecke in ihren Kriechbewegungen ungestört und bleibt doch an der gleichen Stelle. Bringt man nun ein Stöckchen an ihre Sohle heran, so kriecht die Schnecke auf dasselbe hinauf. Erteilt man mit dem Stöckchen der Schnecke ein bis drei Schläge in der Sekunde, so wendet sie sich ab. Werden aber die Schläge viermal und mehr in der Sekunde wiederholt, so beginnt sie das Stäbchen zu besteigen. In der Umwelt der Schnecke ist ein Stab, der viermal in der Sekunde hin und her schwingt, bereits zu einem ruhenden geworden. Daraus dürfen wir schließen, dass die Merkzeit der Schnecke in einem Tempo von drei bis vier Momenten in der Sekunde abläuft. Das hat zur Folge, dass in der Umwelt der Schnecke alle Bewegungsvorgänge viel schneller ablaufen als in der unserigen. Auch die Eigenbewegungen der Schnecke werden für sie nicht langsamer ablaufen als die unserigen für uns.

4. Die einfachen Umwelten

Raum und Zeit sind von keinem unmittelbaren Nutzen für das Subjekt. Sie gewinnen erst dann Bedeutung, wenn zahlreiche Merkmale unterschieden werden müssen, die ohne das zeitliche und räumliche Gerüst der Umwelt zusammenfallen würden. Ein solches Gerüst ist aber bei ganz einfachen Umwelten, die ein einziges Merkmal beherbergen, nicht vonnöten.

Abb. 17 zeigt nebeneinander die Umgebung und die Umwelt des Pantoffeltierchens, Paramaecium. Es ist mit dichten Reihen von Wimpern bedeckt, durch deren Schlag es schnell durch das Wasser getrieben wird, wobei es sich dauernd um seine Längsachse dreht.

Von all den verschiedenen Dingen, die sich in seiner Umgebung befinden, nimmt seine Umwelt nur das ewig gleiche Merkmal auf, durch welches das Paramaecium, wenn es irgendwo irgendwie gereizt wird, zur Fluchtbewegung veranlasst wird. Das gleiche Hindernismerkmal ruft stets die gleiche Fluchtbewegung hervor. Diese besteht in einer Rückwärtsbewegung mit darauffolgender seitlicher Abbiegung, worauf das Vorwärtsschwimmen wieder einsetzt. Dadurch wird das Hindernis in die Ferne gerückt. Man darf sagen, dass in diesem Falle das gleiche Merkmal stets durch das gleiche Wirkmal ausgelöscht wird. Erst wenn das Tierchen zu seinem Futter, den Fäulnisbakterien, gelangt, das allein von allen Umweltdingen keinen Reiz aussendet, kommt es zur Ruhe. Diese Tatsachen zeigen uns, wie die Natur es versteht, mit einem einzigen Funktionskreis das Leben planvoll zu gestalten.

Auch einige vielzellige Tiere, wie die Hochseemeduse, Rhizostoma, vermögen mit einem einzigen Funktionskreis auszukommen. Hier besteht der ganze Organismus aus einem schwimmenden Pumpwerk, welches das mit feinem Plankton erfüllte Seewasser unfiltriert in sich aufnimmt und filtriert wieder ausstößt. Die einzige Lebensäußerung besteht im rhythmischen Auf- und Abschwingen des elastischen Gallertschirmes. Durch den ewig gleichen Schlag wird das Tier an der

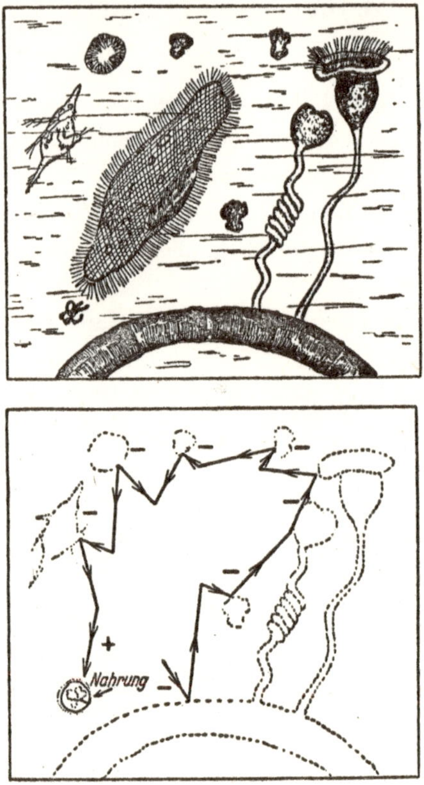

17. Umgebung und Umwelt des Pantoffeltierchens

Oberfläche des Meeres schwimmend erhalten. Zugleich wird der häutige Magen abwechselnd erweitert und zusammengedrückt, wobei er das Seewasser aus feinen Poren aus- und eintreibt. Der flüssige Mageninhalt wird durch weitverzweigte Verdauungskanäle getrieben, deren Wände die Nahrung und den mitgeführten Sauerstoff aufnehmen. Schwimmen, Fressen und Atmen werden durch die rhythmische Zusammenziehung der am Schirmrande befindlichen Muskeln ausgeführt. Um diese Bewegung sicher in Gang zu erhalten, sitzen am Schirmrand acht glockenförmig gebaute Organe (auf der Abb. 18 symbolisch dargestellt), deren Klöppel bei jedem Schlag auf ein Nervenpolster schlagen. Der dadurch erzeugte Reiz ruft den nächsten Schirmschlag hervor. So erteilt die Meduse sich selbst ihr Wirkmal, und dieses löst das gleiche Merkmal aus, das wiederum das gleiche Wirkmal hervorruft ad infinitum.

In der Umwelt der Meduse erklingt immer der gleiche Glockenschlag, der den Rhythmus des Lebens beherrscht. Alle anderen Reize sind ausgeschaltet.

Wo ein einziger Funktionskreis vorliegt, wie bei Rhizostoma, kann man von einem Reflextier reden, denn stets läuft der gleiche Reflex von jeder Glocke zum Muskelbande am Schirmrand. Man wird aber auch von Reflextieren reden dürfen, wenn noch andere Reflexbögen vorhanden sind, wie bei anderen Medusen, so lange diese ganz selbständig bleiben. So gibt es Medusen, die Fangfäden besitzen, welche einen in sich geschlossenen Reflexbogen beherbergen. Auch besitzen viele Medusen einen beweglichen Mundstiel mit eigener Muskulatur, die an die Rezeptoren des Schirmrandes angeschlossen ist. Alle diese Reflexbögen arbeiten ganz unabhängig voneinander und werden nicht von einer Zentralstelle aus dirigiert.

Wenn ein äußeres Organ einen vollständigen Reflexbogen beherbergt, so bezeichnet man es passend als »Reflexperson«. Die Seeigel besitzen eine große Anzahl solcher Reflexpersonen, die ohne zentrale Leitung, jede für sich, ihre Reflexleistung erfüllen. Um den Gegensatz derart gebauter Tiere zu den höheren Tieren deutlich zu machen, habe ich den Satz geprägt: Wenn ein Hund läuft, so bewegt das Tier seine Beine, wenn ein Seeigel läuft, so bewegen die Beine das Tier.

Die Seeigel tragen, wie die Igel, eine große Anzahl von Stacheln, die jedoch zu selbständigen Reflexpersonen ausgebildet sind.

Außer den harten, spitzen Stacheln, die mit einem Kugelgelenk auf der Kalkschale sitzen und geeignet sind, einem jeden Reiz erzeugenden Gegenstand, der sich der Haut nähert, einen Lanzenwald entgegenzustrecken, sind zarte, lange, muskulöse Saugfüße vorhanden, die dem Klettern dienen. Ferner besitzen manche Seeigel vier Arten von Zangen

18. Hochseemeduse mit Randkörpern

(Putzzangen, Klappzangen, Schnappzangen und Giftzangen), jede zu einem anderen Gebrauch über die ganze Oberfläche zerstreut.

Obgleich manche Reflexpersonen gemeinsam handeln, arbeiten sie dennoch ganz unabhängig voneinander. So schlagen auf den gleichen chemischen Reiz, der vom Feinde des Seeigels, dem Seestern, ausgeht, die Stacheln auseinander, und statt ihrer springen die Giftzangen vor, die sich in die Saugfüße des Feindes verbeißen.

Man kann daher von einer »Reflexrepublik« sprechen, in der aber, trotz der völligen Unabhängigkeit aller Reflexpersonen, voller Burgfriede herrscht. Denn niemals werden die zarten Saugfüße von den bissigen Schnappzangen angefallen, die sonst jeden nahenden Gegenstand anpacken.

Dieser Burgfriede wird nicht von einer zentralen Stelle aus diktiert wie bei uns, wo auch die scharfen Zähne eine dauernde Gefahr für die Zunge bilden, die nur durch das Auftreten des Merkzeichens Schmerz im Zentralorgan vermieden wird. Denn der Schmerz hemmt die schmerzhervorrufende Handlung.

Bei der Reflexrepublik der Seeigel, die kein übergeordnetes Zentrum besitzt, muss der Burgfrieden auf andere Weise gewahrt werden. Das geschieht durch die Anwesenheit eines Stoffes, des Autodermins. Das unverdünnte Autodermin lähmt die Rezeptoren der Reflexpersonen. Es ist in der ganzen Haut in so großer Verdünnung verbreitet, dass es bei Berührung der Haut mit einem fremden Gegenstand wirkungslos bleibt. Sobald aber zwei Hautstellen aufeinandertreffen, tritt seine Wirkung zutage und verhindert die Auslösung des Reflexes.

Eine Reflexrepublik, wie es jeder Seeigel ist, kann wohl in ihrer Umwelt zahlreiche Merkmale beherbergen, wenn sie aus zahlreichen Reflexpersonen besteht. Diese Merkmale müssen aber ganz isoliert bleiben, da alle Funktionskreise ganz isoliert voneinander arbeiten.

Selbst die Zecke, deren Lebensäußerungen, wie wir sahen, im Wesentlichen aus drei Reflexen bestehen, stellt einen höheren Typus dar, weil die Funktionskreise sich nicht dieser isolierten Reflexbögen bedienen, sondern ein gemeinsames Merkorgan besitzen. Es besteht daher die Möglichkeit, dass in der Umwelt der Zecke das Beutetier, auch wenn es nur aus Buttersäurereiz, Tastreiz und Wärmereiz besteht, dennoch eine Einheit bilden kann.

Diese Möglichkeit besteht für den Seeigel nicht. Seine Merkmale, die sich aus abgestuften Druckreizen und chemischen Reizen zusammensetzen, bilden völlig isolierte Größen.

Manche Seeigel beantworten jede Verdunkelung des Horizontes mit einer Stachelbewegung, die sich, wie Abb. 19a und b zeigen, in gleicher Weise gegen eine Wolke, ein Schiff und gegen den wirklichen Feind, nämlich den Fisch, auswirkt. Nur ist die Darstellung der Umwelt noch nicht genügend vereinfacht. Es ist nicht die Rede davon, dass das Dunkelmerkmal vom Seeigel in den Raum hinausverlegt wird, da der Seeigel keinen Sehraum besitzt, sondern der Schatten nur wie ein leichtes Dahinfahren mit einem Wattebausch über die lichtempfindliche Haut sich auswirkt. Dies darzustellen war technisch unmöglich.

19a. Umgebung des Seeigels

19b. Umwelt des Seeigels

5. Form und Bewegung als Merkmale

Selbst wenn man für die Umwelt des Seeigels annehmen wollte, dass alle Merkmale der verschiedenen Reflexpersonen mit einem Lokalzeichen versehen werden und sich daher jedes an einem anderen Ort befindet, so gäbe es doch keine Möglichkeit, diese Orte miteinander zu verbinden. Es müssen daher dieser Umwelt die Merkmale der Form und Bewegung, die den Zusammenschluss mehrerer Orte zur Voraussetzung haben, notwendigerweise fehlen – und das ist auch der Fall.

Form und Bewegung treten erst in höheren Merkwelten auf. Nun sind wir dank den Erfahrungen in unserer eigenen Umwelt gewöhnt, anzunehmen, dass die Form eines Gegenstandes das ursprünglich gegebene Merkmal ist und die Bewegung nur als Begleiterscheinung, als sekundäres Merkmal, gelegentlich dazukommt. Das trifft aber für viele Umwelten der Tiere nicht zu. In ihnen sind nicht bloß ruhende Form und bewegte Form zwei durchaus voneinander unabhängige Merkmale, sondern es kann auch die Bewegung ohne Form als selbständiges Merkmal auftreten.

Abb. 20 zeigt die Dohle auf der Jagd nach Heuhüpfern. Die Dohle ist völlig unfähig, einen still sitzenden Heuhüpfer zu sehen, und schnappt nur nach ihm, wenn er sich hüpfend bewegt. Hier werden wir zunächst vermuten, dass die Form des ruhenden Heuhüpfers der Dohle wohlbekannt ist, von ihr aber infolge der sie überschneidenden Grashalme

20. Dohle und Heuhüpfer

21. Umgebung und Umwelt der Pilgermuschel

nicht als Einheit erkannt wird, wie auch wir aus Vexierbildern nur schwer eine bekannte Form herausfinden können. Erst beim Sprung löst sich die Form nach dieser Auffassung von den störenden Nebenbildern.

Aber nach weiteren Erfahrungen ist anzunehmen, dass die Dohle die Form des ruhenden Heuhüpfers überhaupt nicht kennt, sondern nur auf bewegte Form eingestellt ist. Dies würde das »Sichtotstellen« vieler Insekten erklären. Wenn ihre Ruheform in der Merkwelt des verfolgenden Feindes überhaupt nicht vorhanden ist, so fallen sie durch ihr »Totstellen« aus der Merkwelt des Feindes mit Sicherheit heraus und können nicht einmal durch Suchen gefunden werden.

Ich habe eine Fliegenangel gebaut, die aus einem Stäbchen besteht, an dem eine Erbse an einem feinen Faden hängt. Die Erbse ist mit Fliegenleim überzogen.

Lässt man vor einem besonnten Fensterbrett, auf dem sich viele Fliegen befinden, die Erbse durch einen leichten Schwung des Stäbchens hin und her fliegen, so wird sich immer eine Anzahl von Fliegen auf die Erbse stürzen und zum Teil an ihr kleben bleiben. Nachträglich kann man feststellen, dass die gefangenen Fliegen Männchen sind.

Der ganze Vorgang stellt einen missglückten Hochzeitsflug dar. Auch bei den um einen Kronleuchter kreisenden Fliegen handelt es sich um Männchen, die sich auf hindurchfliegende Weibchen stürzen.

Die schwingende Erbse ahmt täuschend das Merkmal des fliegenden Weibchens nach und wird in der Ruhe niemals für ein Weibchen gehalten, woraus man wohl noch schließen darf, dass ruhendes Weibchen und fliegendes Weibchen zwei verschiedene Merkmale sind.

Dass aber die Bewegung ohne Form als Merkmal auftreten kann, dafür liefert Abb. 21 den Beweis, die die Pilgermuschel in ihrer Umgebung und in ihrer Umwelt gegenüberstellt.

In der Umgebung der Muschel befindet sich in Sehweite ihrer hundert Augen ihr gefährlichster Feind, der Seestern Asterias. Solange der Seestern sich ruhig verhält, wirkt er gar nicht auf die Muschel. Seine charakteristische Form ist kein Merkmal für sie. Sobald er sich aber in Bewegung setzt, stößt sie als Antwort ihre langen Tentakel aus, die als

22. Die Geschmacksunterscheidung der Regenwürmer

Riechorgane dienen. Diese nähern sich dem Seestern und nehmen den neuen Reiz auf. Daraufhin erhebt sich die Muschel und schwimmt davon.

Versuche haben ergeben, dass es völlig gleichgültig ist, welche Form und Farbe ein bewegter Gegenstand besitzt. Er wird immer nur dann als Merkmal in der Umwelt der Muschel auftreten, wenn seine Bewegung so langsam ist wie die des Seesternes. Die Augen der Pilgermuschel sind weder auf Form noch auf Farbe eingestellt, sondern ausschließlich auf ein bestimmtes Bewegungstempo, das gerade dem ihres Feindes entspricht. Der Feind ist damit aber noch nicht genau umschrieben – erst muss ein Geruchsmerkmal hinzukommen, damit der zweite Funktionskreis einspringt, der die Muschel durch die Flucht aus der Nähe des Feindes bringt und durch dieses Wirkmal die Merkmale des Feindes endgültig auslöscht.

Lange Zeit hiundurch hat man in der Umwelt des Regenwurmes das Vorhandensein eines Merkmales für die Form vermutet. Schon Darwin hat darauf hingewiesen, dass die Regenwürmer sowohl Blätter wie Kiefernnadeln ihrer Form entsprechend behandeln (Abb. 22).

Der Regenwurm zieht Blätter und Kiefernnadeln in seine enge Höhle. Sie dienen ihm zugleich als Schutz und als Nahrung. Die meisten Blätter sperren sich, wenn man es versucht, sie mit dem Stiel voran in eine enge Röhre zu ziehen. Dagegen rollen sie sich leicht zusammen und bereiten keinen Widerstand, wenn man sie an der Spitze anfasst. Die immer paarig abfallenden Kiefernnadeln müssen dagegen nicht an der Spitze, sondern an der Basis gefasst werden, wenn man sie ohne Schwierigkeit in eine enge Höhle ziehen will.

Aus der Tatsache, dass die Regenwürmer Blätter und Nadeln ohne Weiteres richtig behandeln, hatte man geschlossen, dass die Form dieser Objekte, die in der Wirkwelt des Regenwurmes eine ausschlaggebende Rolle spielt, in der Merkwelt als Merkmal vorhanden sein müsse.

Diese Annahme hat sich als falsch erwiesen. Man konnte zeigen, dass die Regenwürmer kleine gleichförmige Stäbchen, die in Gelatine getaucht waren, ohne Unterschiede bald mit dem einen, bald mit dem anderen Ende in ihre Höhle zogen. Sobald man aber das eine Ende mit Pulver aus dem Spitzenteil eines getrockneten Kirschenblattes, das andere mit Pulver aus dem Basisteil bepudert hatte, unterschieden die Regenwürmer die beiden Enden des Stäbchens genau wie die Spitze und Basis des Blattes selbst.

Obgleich die Regenwürmer die Blätter ihrer Form gemäß behandeln, richten sie sich nicht nach der Form, sondern nach dem Geschmack der Blätter. Diese Einrichtung ist offenbar deswegen getroffen worden, weil die Merkorgane der Regenwürmer noch zu einfach gebaut sind, um Formmerkmale zu bilden. Dieses Beispiel zeigt uns, wie die Natur es versteht, Schwierigkeiten zu umgehen, die uns ganz unübersteiglich erscheinen.

Mit der Formwahrnehmung bei den Regenwürmern war es also nichts. Umso dringlicher erhob sich die Frage, bei welchen Tieren man zuerst auf die Form als Merkmal in der Umwelt rechnen darf?

Diese Frage ist später gelöst worden. Man konnte zeigen, dass die Bienen sich vorzugsweise auf Figuren niederlassen, die aufgelöste Formen wie Sterne und Kreuze aufweisen, dagegen geschlossene Formen wie Kreise und Quadrate meiden.

Abb. 23 zeigt eine daraufhin entworfene Gegenüberstellung der Umgebung und Umwelt einer Biene.

Wir sehen die Biene in ihrer Umgebung einer blühenden Wiese, auf der aufgeblühte Blumen und Knospen miteinander abwechseln.

Setzt man die Biene in ihre Umwelt und verwandelt die Blüten entsprechend ihrer Form in Sterne oder Kreuze, so werden die Knospen die unaufgelöste Form von Kreisen annehmen.

Daraus geht ohne Weiteres die biologische Bedeutung dieser neu entdeckten Eigenschaft der Bienen hervor. Nur die Blüten, nicht die Knospen haben für die Biene eine Bedeutung.

Die Bedeutungsbeziehungen sind aber, wie wir bereits an der Zecke sahen, die einzig sicheren Wegweiser bei der Erforschung der Umwelten. Ob die aufgelösten Formen physiologisch wirksamer sind, ist dabei völlig nebensächlich.

Das *Formproblem* ist durch diese Arbeiten auf eine einfachste Formel gebracht worden. Es genügt, anzunehmen, dass die Merkzellen für Lokalzeichen im Merkorgan in zwei Gruppen gegliedert sind, die einen nach dem Schema »aufgelöst«, die anderen nach dem Schema »geschlossen«. Weitere Unterscheidungen sind nicht vorhanden. Werden die Schemata hinausverlegt, so entstehen aus ihnen ganz allgemein gehaltene »Merkbilder«, die, wie neue schöne Untersuchungen lehren, bei den Bienen mit Farben und Gerüchen angefüllt sind.

Weder der Regenwurm noch die Pilgermuschel noch die Zecke sind im Besitz derartiger Schemata. Sie ermangeln daher aller echten Merkbilder in ihrer Umwelt.

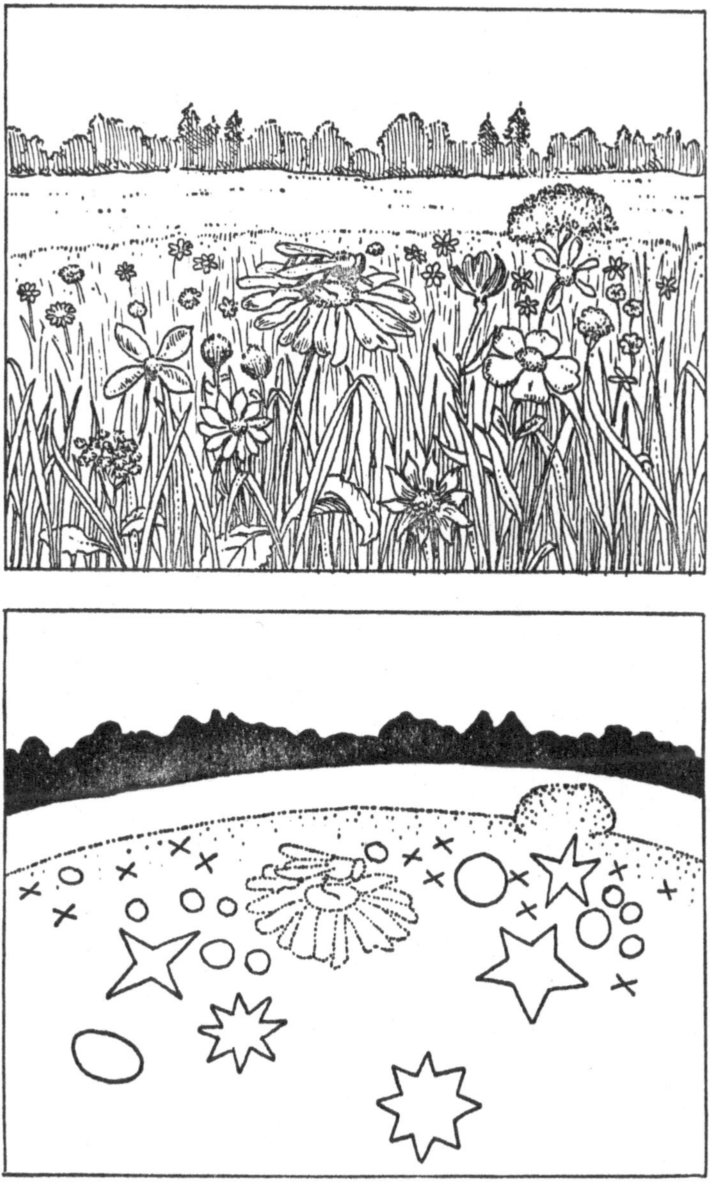

23. Umgebung und Umwelt der Biene

24. Wirkung eines hohen Tones auf Nachtschmetterlinge

6. Ziel und Plan

Da wir Menschen es gewohnt sind, unser Dasein mühselig von Ziel zu Ziel weiterzuführen, sind wir davon überzeugt, dass die Tiere in gleicher Weise leben. Das ist ein Grundirrtum, der die bisherige Forschung immer wieder auf falsche Bahnen lenkt.

Zwar wird niemand einem Seeigel oder einem Regenwurm Ziele unterschieben. Aber bereits bei der Beschreibung des Lebens der Zecke haben wir davon gesprochen, dass sie ihrer Beute auflauert. Durch diesen Ausdruck haben wir bereits, wenn auch unwillkürlich, die kleinen menschlichen Alltagssorgen in das von einem reinen Naturplan beherrschte Zeckenleben hineingeschmuggelt.

Es muss daher unsere erste Sorge sein, das Irrlicht des Zieles bei der Betrachtung der Umwelten auszulöschen. Das kann nur dadurch geschehen, dass wir die Lebensäußerungen der Tiere unter dem Gesichtspunkte des Planes ordnen. Vielleicht erweisen sich später gewisse Handlungen der höchsten Säugetiere als Zielhandlungen, die selbst wieder dem gesamten Naturplan eingeordnet sind.

Bei allen anderen Tieren kommen auf ein Ziel gerichtete Handlungen überhaupt nicht vor. Um diesen Satz zu beweisen, wird es nötig sein, dem Leser einen Einblick in einige Umwelten zu gewähren, die keinen Zweifel aufkommen lassen. Den freundlichen Auskünften, die ich über die Tonwahrnehmung bei Nachtschmetterlingen erhielt, verdankt die Abb. 24 ihre Entstehung. Wie in ihr angedeutet ist, ist es völlig gleichgültig, ob der Ton, auf den die Tiere eingestellt sind, die Lautäußerung einer Fledermaus ist oder durch das Reiben eines Glasstöpsels entsteht – die Wirkung ist immer die gleiche. Diejenigen Nachtfalter, die infolge ihrer hellen Färbung leicht sichtbar sind, fliegen auf den hohen Ton hin davon, während diejenigen Arten, die eine Schutzfärbung besitzen, sich auf den gleichen Ton hin niederlassen. Das gleiche Merkmal wirkt sich bei ihnen umgekehrt aus. Die hohe Planmäßigkeit der beiden entgegengesetzten Handlungsweisen springt in die Augen. Von einer Unterscheidung oder Zielsetzung kann nicht die Rede sein, da kein Schmetterling seine eigene Hautfarbe je erblickt hat. Die Bewunderung für die hier obwaltende Planmäßigkeit wird noch gesteigert, wenn wir erfahren, dass der kunstvolle mikroskopische Bau des Gehörorganes der Nachtfalter ausschließlich für diesen einen hohen Ton der Fledermaus da ist. Im Übrigen sind diese Schmetterlinge völlig taub.

Der Gegensatz zwischen Ziel und Plan geht bereits aus einer schönen Beobachtung von Fabre[11] hervor. Er setzte das Weibchen eines Nachtpfauenauges auf ein Blatt weißes Papier, auf dem das sitzende Weibchen eine Zeit lang Bewegungen mit seinem Hinterkörper ausführte. Danach setzte er das Weibchen unter eine Glasglocke neben das Blatt Papier. In der Nacht kamen ganze Scharen von Männchen dieser sehr seltenen Schmetterlingsart durch das Fenster hereingeflogen und drängten sich auf dem weißen Papier zusammen. Kein einziges Männchen beachtete das daneben unter der Glasglocke sitzende Weibchen. Welche Art physikalischer oder chemischer Wirkung von dem Papier ausging, hat Fabre nicht ermitteln können.

In dieser Hinsicht sind die Versuche, die man an Heuhüpfern und Grillen angestellt hat, aufschlussreicher. Abb. 25 ist eine Darstellung dieser Versuche. In einem Zimmer sitzt vor dem Mikrofon als Empfangsapparat ein lebhaft geigendes Exemplar. In einem Nebenzimmer sammeln sich vor einem zweiten Telefon die Geschlechtspartner und kümmern sich nicht im Geringsten um ein unter der Glasglocke sitzendes Exemplar, das vergebens geigt, weil die Töne nicht hervordringen können. Eine jede Annäherung der Partner bleibt so aus. Das optische Bild ist ohne jede Wirkung.

Beide Versuche zeigen das Gleiche. Von der Verfolgung eines Zieles ist in keinem Fall die Rede. Das sonderbar anmutende Verhalten der Männchen erklärt sich aber ohne Weiteres, wenn man es auf seine Planmäßigkeit hin untersucht. In beiden Fällen ist durch ein Merkmal ein Funktionskreis in Tätigkeit geraten, aber durch Ausschaltung des normalen Objektes kommt es nicht zur Erzeugung des richtigen Wirkmales, das zur Auslöschung des ersten Merkmals nötig wäre. Normalerweise

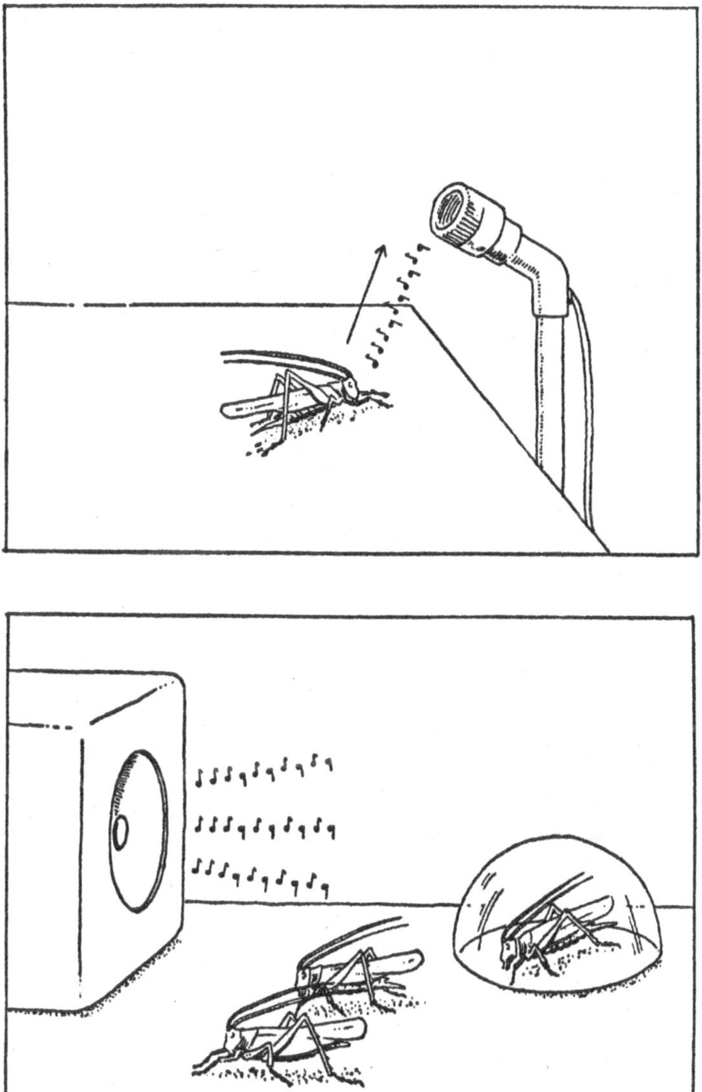

25. Heuhüpfer vor dem Mikrofon

26. Henne und Küken

27. Henne und schwarzes Küken

müsste an dieser Stelle ein anderes Merkmal einspringen und den nächsten Funktionskreis auslösen. Welcher Art dieses zweite Merkmal ist, muss in beiden Fällen näher untersucht werden. Jedenfalls ist es ein notwendiges Glied in der Kette der Funktionskreise, die der Begattung dienen.

Nun gut, wird man sagen, für die Insekten ist die Zielhandlung aufzugeben. Sie werden unmittelbar vom Naturplan regiert, der ihre Merkmale festsetzt, wie wir das schon bei der Zecke gesehen haben. Aber wer je auf einem Hühnerhof beobachtet hat, wie die Glucke ihren Küken zur Hilfe eilt, wird an dem Vorkommen echter Zielhandlungen nicht zweifeln können. Gerade über diesen Fall haben sehr schöne Versuche volle Gewissheit geschaffen.

Abb. 26 erläutert die dort gewonnenen Ergebnisse. Wenn man ein Küken an einem Fuß festbindet, so lässt es ein lautes Piepen ertönen, das sogleich die Glucke veranlasst, mit gesträubten Federn dem Ton zu folgen, auch wenn das Küken unsichtbar ist. Sobald die Glucke das Küken erblickt, beginnt sie wütend auf einen imaginären Gegner loszupicken.

Setzt man aber das gefesselte Küken unter eine Glasglocke vor die Augen der Glucke, sodass sie es wohl sehen, sein Piepen aber nicht hören kann, so lässt sie sich durch seinen Anblick nicht im Geringsten stören.

Auch hier handelt es sich nicht um eine Zielhandlung, sondern ebenfalls um eine unterbrochene Funktionskreiskette. Das Merkmal des Piepens geht normalerweise indirekt von einem Feinde aus, der das Küken angreift. Dieses Merkmal wird planmäßig durch das Wirkmal der Schnabelhiebe, die den Feind verjagen, ausgelöscht, Das zappelnde, aber nicht piepende Küken ist gar kein Merkmal, das eine besondere Tätigkeit auslöst. Es wäre auch durchaus unangebracht, weil die Glucke gar nicht in der Lage ist, eine Schlinge zu lösen.

Noch sonderbarer und zielloser benahm sich die auf Abb. 27 wiedergegebene Henne. Sie hatte mit einem Satz Eier einer weißen Hühnerrasse auch ein Ei ihrer eigenen schwarzen Rasse mit ausgebrütet. Gegen dieses Küken, das ihr eigen Fleisch und Blut war, benahm sie sich durchaus widersinnig. Auf das Piepen des schwarzen Kükens hin eilte sie wohl herbei, wurde sie aber seiner unter den weißen Küken gewahr, so hackte sie auf dasselbe los. Das akustische und das optische Merkmal des gleichen Objekts weckten in ihr zwei sich widersprechende Funktionskreise. Offenbar waren die beiden Merkmale des Kükens in der Umwelt der Henne nicht zu einer Einheit verschmolzen.

7. Merkbild und Wirkbild

Die Gegenüberstellung von Ziel des Subjektes und Plan der Natur überhebt uns auch der Frage nach dem Instinkt, mit dem niemand etwas Rechtes anfangen kann.

Benötigt die Eichel einen Instinkt, um eine Eiche zu werden, oder arbeitet eine Schar Knochenbildungszellen instinktmäßig, um einen Knochen zu formen? Wenn man das verneint und statt des Instinktes einen Naturplan als ordnenden Faktor einsetzt, so wird man auch im Weben des Spinnennetzes oder im Nestbau der Vögel das Walten von Naturplänen erkennen, da in beiden Fällen von einem individuellen Ziel keine Rede ist.

Der Instinkt ist nur ein Verlegenheitserzeugnis, das herhalten muss, wenn man die überindividuellen Naturpläne leugnet. Und diese leugnet man, weil man sich von dem, was ein Plan ist, keine rechte Vorstellung bilden kann, da er sicher weder ein Stoff noch eine Kraft ist.

Und doch ist es nicht schwierig, vom Plan eine Anschauung zu gewinnen, wenn man sich an ein anschauliches Beispiel hält.

Um einen Nagel in die Wand zu schlagen, genügt auch der schönste Plan nicht, wenn man keinen Hammer hat. Aber es genügt auch der schönste Hammer nicht, wenn man keinen Plan hat und sich auf den Zufall verlässt. Dann schlägt man sich auf die Finger.

Ohne Pläne, das heißt ohne die alles beherrschenden Ordnungsbedingungen der Natur, gäbe es keine geordnete Natur, sondern nur ein Chaos. Jeder Kristall ist das Erzeugnis eines Naturplanes, und wenn die Physiker die schönen bohrschen Atommodelle vorführen, so erläutern sie damit die von ihnen gesuchten Pläne der unbelebten Natur.

Nun kommt das Walten lebender Naturpläne beim Studium der Umwelten am deutlichsten zum Ausdruck. Ihnen nachzuspüren gehört zu den interessantesten Beschäftigungen. Deshalb wollen wir uns nicht beirren lassen und ruhig unseren Gang durch die Umwelten fortsetzen.

Die auf Abb. 28 wiedergegebenen Vorgänge stellen eine Übersicht von Ergebnissen dar, die man aus den Studien am Einsiedlerkrebs gewonnen hat. Man hat nachgewiesen, dass der Einsiedlerkrebs ein äußerst einfaches Raumschema als Merkbild benötigt. Jeder Gegenstand von einer gewissen Größenordnung, der einen zylinder- bis kegelförmigen Umriss besitzt, kann für ihn von Bedeutung werden.

Wie aus den Abbildungen hervorgeht, wechselt der gleiche Gegenstand von Zylindergestalt – in diesem Falle eine Seerose – in der Umwelt des gleichen Krebses seine Bedeutung, je nach der Stimmung, in der sich der Krebs befindet.

Wir sehen stets den gleichen Krebs und die gleiche Seerose vor uns. Nur war der Krebs im ersten Fall der Seerosen, die er auf seiner Schneckenschale trug, beraubt worden. Im zweiten Falle hatte man ihm auch seine Schneckenschale genommen, und im dritten Falle hatte man einen Krebs, der Schale und Seerosen trug, längere Zeit hungern lassen. Dies genügt, um den Krebs in drei verschiedene Stimmungen zu versetzen.

Entsprechend den verschiedenen Stimmungen ändert die Rose ihre Bedeutung für den Krebs. Im ersten Falle, bei dem das Gehäuse des Krebses die schützende Hülle der Seerosen, die zur Abwehr der Tintenfische dient, entbehrt, gewinnt das Merkbild der Seerose einen »Schutzton«. Das äußert sich in der Handlung des Krebses, der sie seinem Gehäuse aufpflanzt. Wird der gleiche Krebs seines Gehäuses beraubt, so gewinnt das Merkbild der Seerose einen »Wohnton«, was sich darin äußert, dass der Krebs, wenn auch vergeblich, in sie hineinzukriechen sucht. Im dritten Fall des hungernden Krebses erhält das Merkbild der Seerose einen »Fresston«, denn nun beginnt der Krebs sie anzufressen.

Diese Erfahrungen sind deshalb so besonders wertvoll, weil sie zeigen, dass bereits in den Umwelten der Gliederfüßer das von den Sinnesorganen gelieferte Merkbild ergänzt und verändert werden kann durch ein von der darauf einsetzenden Handlung abhängiges »Wirkbild«.

Die Versuche zur Aufklärung dieses merkwürdigen Tatbestandes sind an Hunden ausgeführt worden. Die Fragestellung war sehr einfach und die Antworten der Hunde eindeutig. Ein Hund war darauf

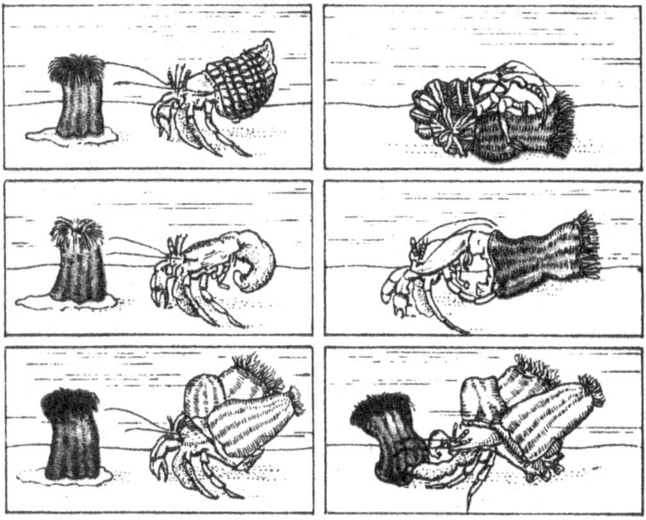

28. Seerose und Einsiedlerkrebs

dressiert worden, auf den Befehl »Stuhl« auf einen vor ihm stehenden Stuhl zu springen. Nun wurde der Stuhl fortgenommen und der Befehl wiederholt. Dabei stellte sich heraus, dass der Hund alle Gegenstände, mit denen er die gleiche Leistung des »Sitzens« ausführen konnte, als Stuhl behandelte und aufsprang. Es erhielten, wie wir uns ausdrücken wollen, eine Reihe anderer Gegenstände, wie Kisten, Etageren, umgekippte Schemel, einen »Sitzton«, und zwar einen Hundesitzton und nicht einen Menschensitzton. Denn viele dieser Hundestühle waren durchaus keine geeigneten Sitzgelegenheiten für den Menschen.

Ebenso konnte man zeigen, dass auch »Tisch« und »Körbchen« einen speziellen Ton für den Hund erhielten, der durchaus von den an ihnen ausgeführten Leistungen des Hundes abhing.

Das Problem selbst kann aber nur beim Menschen in aller Schärfe herausgearbeitet werden. Wie machen wir es, um dem Stuhl das Sitzen, der Tasse das Trinken, der Leiter das Klettern anzusehen, was in keinem Falle sinnlich gegeben ist? Wir sehen allen Gegenständen, deren

Benutzung wir erlernt haben, die Leistung, die wir mit ihnen ausüben, mit der gleichen Sicherheit an wie Form oder Farbe.

Ich hatte einen jungen, sehr intelligenten und gewandten Neger aus dem Inneren Afrikas nach Daressalam mitgenommen. Das Einzige, was ihm fehlte, war die Kenntnis europäischer Gebrauchsgegenstände. Als ich ihn aufforderte, eine kurze Leiter zu ersteigen, fragte er mich: »Wie soll ich das tun, ich sehe nur Stangen und Löcher?« Sobald ein anderer Neger ihm das Emporklettern vorgemacht hatte, konnte er es ohne Weiteres nachmachen. Von nun an hatten für ihn die sinnlich gegebenen »Stangen und Löcher« einen Kletterton erhalten und wurden überall als Leiter erkannt. Das *Merkbild* der Stangen und Löcher war durch das Wirkbild der eigenen Leistung ergänzt worden, es hatte durch dieses eine neue Bedeutung erhalten und diese äußerte sich wie eine neue Eigenschaft als Leistungston oder »Wirkton«.

Wir werden durch diese Erfahrung an dem Neger darauf aufmerksam gemacht, dass wir für alle Leistungen, die wir an den Gegenständen unserer Umwelt vollziehen, ein Wirkbild ausgearbeitet haben, das wir zwangsläufig mit dem durch unsere Sinnesorgane gelieferten Merkbild so innig verschmelzen, dass sie hierdurch eine neue Eigenschaft erhalten, die uns ihre Bedeutung kundtut und die wir kurz als Wirkton bezeichnen wollen.

Der gleiche Gegenstand kann, wenn er verschiedenen Leistungen dient, mehrere Wirkbilder besitzen, die dann dem gleichen Merkbild einen anderen Ton verleihen. Ein Stuhl kann gelegentlich als Waffe benutzt werden und erhält dann ein anderes Wirkbild, das sich als »Prügelton« äußert. Auch in diesem sehr menschlichen Fall ist, wie beim Einsiedlerkrebs, die Stimmung des Subjektes ausschlaggebend dafür, welches Wirkbild dem Merkbild einen Ton verleiht. Wirkbilder wird man nur da voraussetzen können, wo zentrale Wirkorgane vorhanden sind, die die Handlungen der Tiere beherrschen. Alle rein reflektorisch arbeitenden Tiere, wie der Seeigel, sind davon auszuschließen. Aber im Übrigen reicht, wie der Einsiedlerkrebs beweist, ihr Einfluss weit in das Tierreich hinab.

Wenn wir die Wirkbilder zur Ausmalung der Umwelten uns ferner stehender Tiere ausnutzen wollen, so müssen wir uns stets vor Augen halten, dass sie die in die Umwelten projizierten Leistungen der Tiere sind, die den Merkbildern durch den Wirkton erst ihre Bedeutung verleihen. Zur Darstellung der lebenswichtigen Dinge in der Umwelt eines Tieres werden wir daher das von ihnen sinnlich gegebene Merkbild mit einem Wirkton versehen, um dessen Bedeutung voll zu erfassen. Selbst in den Fällen, wo von einem räumlich gegliederten Merkbild noch nicht die Rede ist, wie bei der Zecke, werden wir sagen dürfen, dass bei den drei Reizen, die der Zecke als allein bedeutungsvoll von ihrer Beute zugehen, die Bedeutung von den (mit den Reizen verbundenen) Wirktönen, des Herabfallens, des Umherlaufens und des Einbohrens, stammt. Gewiss spielt die auswählende Tätigkeit der Rezeptoren, die das Einfallstor der Reize darstellen, die führende Rolle, aber erst der Wirkton, der mit den Reizen verbunden wird, verleiht ihm die unfehlbare Sicherheit.

Da die Wirkbilder sich aus den leicht erkennbaren Leistungen der Tiere ableiten lassen, gewinnen die Dinge in der Umwelt eines fremden Subjektes in hohem Grade an Anschaulichkeit.

Wenn eine Libelle einem Ast zufliegt, um sich auf ihn zu setzen, so ist der Ast nicht bloß als Merkbild in ihrer Umwelt vorhanden, sondern ist auch durch einen Sitzton ausgezeichnet, der ihn vor allen anderen Ästen kenntlich macht.

Erst wenn wir die Wirktöne mitberücksichtigen, gewinnt die Umwelt die große Sicherheit für die Tiere, die wir an ihr bewundern. Wir werden sagen dürfen, so viele Leistungen ein Tier ausführen kann, so viele Gegenstände vermag es in seiner Umwelt zu unterscheiden. Besitzt es bei wenigen Leistungen wenig Wirkbilder, so besteht auch seine Umwelt aus wenigen Gegenständen. Sie ist hierdurch zwar ärmer, aber um so sicherer geworden. Denn innerhalb weniger Gegenstände ist es viel leichter, sich zurechtzufinden, als unter zahlreichen. Besäße Paramaecium ein Wirkbild seiner Leistung, so bestünde seine gesamte Umwelt aus lauter gleichartigen Gegenständen, die alle den gleichen Hinderniston

29. Das Zimmer des Menschen

trügen. Jedenfalls ließe eine solche Umwelt nichts an Sicherheit zu wünschen übrig.

Mit der Zahl der Leistungen eines Tieres wächst auch die Anzahl der Gegenstände, die seine Umwelt bevölkern. Sie erhöht sich im Lauf des individuellen Lebens eines jeden Tieres, das Erfahrungen zu sammeln vermag. Denn jede neue Erfahrung bedingt die Neueinstellung gegenüber neuen Eindrücken. Dabei werden neue Merkbilder mit neuen Wirktönen geschaffen.

Das ist besonders bei den Hunden zu beobachten, die mit gewissen menschlichen Gebrauchsgegenständen umzugehen lernen, indem sie sie zu Hundegebrauchsdingen machen.

Trotzdem bleibt die Anzahl der Hundegegenstände erheblich hinter der Anzahl unserer Gegenstände zurück.

Dies sollen die drei zusammengehörigen Abbildungen 29, 30, 31 deutlich machen. In ihnen ist stets das gleiche Zimmer dargestellt. Aber die in ihm befindlichen Gegenstände sind in verschiedenen Tönungen

30. Das Zimmer des Hundes

31. Das Zimmer der Fliege

32. Die Dinge in der Umwelt der Fliege

wiedergegeben, die der Anzahl der Wirktöne entsprechen, die erstens der Mensch, zweitens der Hund und drittens die Stubenfliege mit ihnen verbindet.

In der Umwelt des Menschen sind die Wirktöne der Gegenstände eines Zimmers beim Stuhl durch die Sitztönung, beim Tisch durch die Speisetönung und bei den Gläsern und Tellern durch weitere entsprechende Wirktönungen (Ess- und Trinkton) dargestellt. Der Fußboden besitzt eine Gehtönung, während das Bücherregal eine Lesetönung und das Pult eine Schreibtönung aufweist. Die Wand hat eine Hindernistönung und die Lampe einen Lichtton.

In der Umwelt des Hundes sind die wiederkehrenden ähnlichen Wirktöne durch die gleichen Tönungen dargestellt. Es sind nur noch Esstönung, Sitztönung und so weiter vorhanden. Alles Übrige weist eine Hindernistönung auf. Auch der Drehstuhl hat wegen seiner Glätte für den Hund keinen Sitzton.

Schließlich sehen wir, wie für die Fliege alles nur einen Laufton erhält, bis auf die Lampe, auf deren Bedeutung schon hingewiesen wurde, und die Gegenstände auf dem Tisch.

Wie sicher die Fliege sich in der Umgebung unseres Zimmers zurechtfindet, wird durch die Abb. 32 näher erläutert. Sobald die Kanne mit heißem Kaffee auf den Tisch gestellt wird, sammeln sich die Fliegen, weil die Wärme einen Reiz für sie bildet. Die Tischplatte, die einen Laufton für sie hat, wird durchwandert. Und da die Fliegen an den Füßen Geschmacksorgane besitzen, deren Reizung das Hervorstoßen des Rüssels auslöst, werden sie von ihrer Nahrung festgehalten, während alle anderen Gegenstände ihr Weiterwandern veranlassen. Hier ist es besonders leicht, die Umwelt der Fliege aus ihrer Umgebung herauszuheben.

8. Der bekannte Weg

Am leichtesten wird man sich von der Verschiedenheit menschlicher Umwelten überzeugen, wenn man sich von einem Ortskundigen durch eine unbekannte Gegend führen lässt. Der Führer folgt mit Sicherheit einem Wege, den wir selbst nicht sehen. Unter all den zahlreichen Felsen und Bäumen der Umgebung gibt es in der Umwelt des Führers einzelne, die, nacheinander aufgereiht, sich als Wegmarken von allen anderen Felsen und Bäumen unterscheiden, obgleich sie durch keinerlei Zeichen für den Wegeunkundigen kenntlich gemacht sind.

Der bekannte Weg ist ganz allein vom einzelnen Subjekt abhängig und daher ein typisches Umweltproblem. Der bekannte Weg ist ein Raumproblem und bezieht sich zugleich auf den Sehraum wie den Wirkraum des Subjektes. Das geht unmittelbar aus der Art, wie man einen bekannten Weg beschreibt, hervor – etwa so: Hinter dem roten Hause rechts abbiegen, dann hundert Schritte geradeaus und danach links weitergehen. Dreierlei Merkmale benutzen wir, um einen Weg zu beschreiben: 1. optische, 2. die Richtungsebenen des Koordinatensystems, 3. die Richtungsschritte. In diesem Falle benutzen wir nicht den elementaren Richtungsschritt, das heißt die kleinstmögliche Bewegungseinheit, sondern die uns geläufige Zusammenfassung elementarer Impulse, die wir zur Ausführung eines Gehschrittes benötigen.

Der Gehschritt, wobei ein Bein gleichmäßig hin und her bewegt wird, ist beim einzelnen Menschen so festgelegt und bei vielen Menschen von annähernd der gleichen Länge, dass er bis in die Neuzeit als gemeinsames Längenmaß diente.

Wenn ich jemandem sage, er solle hundert Schritte gehen, so meine ich damit, dass er seinem Bein hundertmal den gleichen Bewegungsimpuls erteilen soll. Das Ergebnis wird annähernd stets die gleiche durchmessene Strecke sein.

Wenn wir eine bestimmte Strecke wiederholt durchschreiten, so bleiben uns die beim Gehen erteilten Impulse als Richtungszeichen

33. Blinder und Hund

im Gedächtnis, sodass wir unwillkürlich an der gleichen Stelle halten, auch wenn wir auf die optischen Merkmale gar nicht geachtet haben. Es spielen daher die Richtungszeichen eine hervorragende Rolle beim bekannten Weg.

Es wäre von großem Interesse, festzustellen, wie sich das Problem des bekannten Weges in den Umwelten der Tiere auswirkt. Sicher sprechen in den Umwelten verschiedener Tiere Geruchsmerkmale und Tastmerkmale beim Aufbau des bekannten Weges eine ausschlaggebende Rolle.

Jahrzehntelang haben zahlreiche amerikanische Forscher in Tausenden von Versuchsreihen, bei denen die verschiedensten Tiere sich in einem Irrgarten zurechtfinden mussten, festzustellen versucht, wie schnell ein jedes Tier einen bestimmten Weg erlernen kann. Das Problem des bekannten Weges, um das es sich hier handelt, haben sie nicht

34. Der bekannte Weg der Dohle

gesehen. Weder haben sie die Gesichts-, Tast- oder Geruchsmerkmale untersucht, noch haben sie sich über die Anwendung des Koordinatensystems durch das Tier Gedanken gemacht – dass rechts und links ein Problem für sich darstellt, ist ihnen nie aufgefallen. Auch die Frage der Schrittzahl haben sie nie erörtert, weil sie nicht sahen, dass auch bei den Tieren der Schritt als Maß der Entfernung dienen kann.

Kurz, das Problem des bekannten Weges muss trotz des ungeheuren Beobachtungsmaterials ganz von Neuem in Angriff genommen werden. Die Auffindung des bekannten Weges in der Umwelt des Hundes hat neben ihrem theoretischen Interesse auch eine eminent praktische Bedeutung, sobald man sich davon Rechenschaft gibt, welche Aufgaben der Führhund der Blinden zu lösen hat.

Abb. 33 zeigt einen Blinden, der von seinem Hunde geführt wird. Die Umwelt des Blinden ist eine sehr beschränkte; nur soweit er seinen Weg mit Füßen und Stock ertasten kann, ist er ihm bekannt. Die Straße, die er durchwandert, ist für ihn in Dunkelheit getaucht. Sein Hund aber soll ihn auf einem bestimmten Wege nach Hause führen. Die Schwierigkeit der Dressur liegt nun darin, in der Umwelt des Hundes bestimmte Merkmale einzuführen, die nicht in seinem, sondern im Interesse des

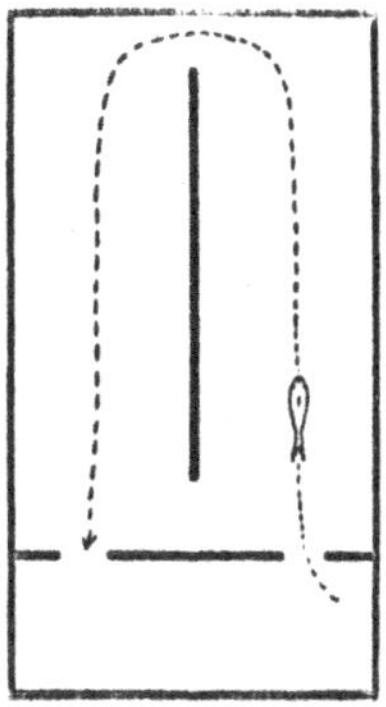

35. Der bekannte Weg des Kampffisches

Blinden liegen. So muss der Weg, den er den Blinden führt, an Hindernissen in einem Bogen herumgelegt werden, an die der Blinde anstoßen könnte. Besonders schwierig ist es, den Hunden ein Merkmal für einen Briefkasten oder ein offenes Fenster beizubringen, unter denen er sonst unbekümmert hindurchlaufen würde. Aber auch der Kantstein der Straße, über den der Blinde stolpern würde, ist schwer in die Hundeumwelt als Merkmal einzuführen, da er normalerweise vom frei laufenden Hunde kaum bemerkt wird.

Die Abb. 34 gibt eine Erfahrung an jungen Dohlen wieder. Wie man sieht, fliegt die Dohle um das ganze Haus herum, kehrt dann aber wieder um und benutzt den ihr bekannten Hinweg zum Rückflug, um an ihren Ausflugsort zurückzukehren, den sie, von der anderen Seite kommend, nicht wiedererkannt hat.

Neuerdings wissen wir, dass Ratten den gewohnten Umweg noch lange benutzen, auch wenn ihnen der direkte Weg offensteht.

Man hat nun das Problem des bekannten Weges an Kampffischen neu aufgegriffen und ist dabei zu folgenden Ergebnissen gelangt:

Man hat bei diesen Fischen vor allem festgestellt, dass das Unbekannte auf sie eine abstoßende Wirkung ausübt. In das Aquarium wurde eine Glasplatte gesenkt, die zwei runde Löcher aufwies, durch die die Fische leicht hindurchschlüpfen konnten.

Wenn man das Futter hinter dem Loch darreichte, so dauerte es eine ganze Zeit, bis der Fisch zögernd durch das Loch schlüpfte, um das Futter zu ergreifen. Nun wurde das Futter seitlich vom Loch gezeigt – der Fisch folgte bald nach. Schließlich wurde das Futter hinter das zweite Loch gehalten. Trotzdem schlüpfte der Fisch in allen Fällen durch das bekannte Loch und vermied es, das unbekannte Loch zu benutzen.

Nun baute man, wie es Abb. 35 zeigt, eine Scheidewand auf der Futterseite des Aquariums ein und lockte den Fisch mit dem Futter bis um die Scheidewand herum.

Wurde nun das Futter dem Fisch auf der abgelegenen Seite der Scheidewand gezeigt, so schwamm der Fisch ohne Weiteres den bekannten Weg entlang, auch wenn die Scheidewand so gestellt war, dass er das Futter, vor der Scheidewand vorbeischwimmend, hätte erreichen können. Für den bekannten Weg kamen dabei optische und Richtungsmerkmale, eventuell auch Richtungsschritte infrage.

Im Ganzen kann man sagen, dass der bekannte Weg sich wie eine Strecke eines leichtflüssigen Mediums innerhalb einer zähflüssigen Masse auswirkt.

9. Heim und Heimat

In nahen Beziehungen zum bekannten Wege steht das Problem von Heim und Heimat.

Als Ausgangspunkt wählt man am besten die Versuche an Stichlingen. Das Männchen des Stichlings baut sich ein Nest, dessen Eingang gern durch einen bunten Faden bezeichnet wird – ein optisches Wegemerkmal für die Jungen? Im Nest wachsen unter der Obhut des Vaters die Jungen heran. Dies Nest ist sein Heim. Aber über das Nest hinaus reicht seine Heimat. Abb. 36 zeigt ein Aquarium, in dessen entgegengesetzten Ecken zwei Stichlinge ihre Nester gebaut haben. Eine unsichtbare Grenze zieht sich durch das Aquarium und trennt es in zwei Gebiete, die je einem Nest zugehören. Dies zum Nest gehörende Gebiet ist die Heimat des Stichlings, die er mit Energie und Erfolg auch gegen größere Stichlinge verteidigt. In seiner Heimat ist der Stichling stets Sieger.

Die Heimat ist ein reines Umweltproblem, weil sie ein ausschließlich subjektives Erzeugnis darstellt, für dessen Vorhandensein auch die genaueste Kenntnis der Umgebung nicht den mindesten Anhaltspunkt bietet.

Es fragt sich nun, welche Tiere besitzen eine Heimat und welche nicht? Eine Stubenfliege, die im wiederholten Hin- und Herflug einen bestimmten Raumabschnitt um den Kronleuchter bestreicht, besitzt deswegen noch keine Heimat.

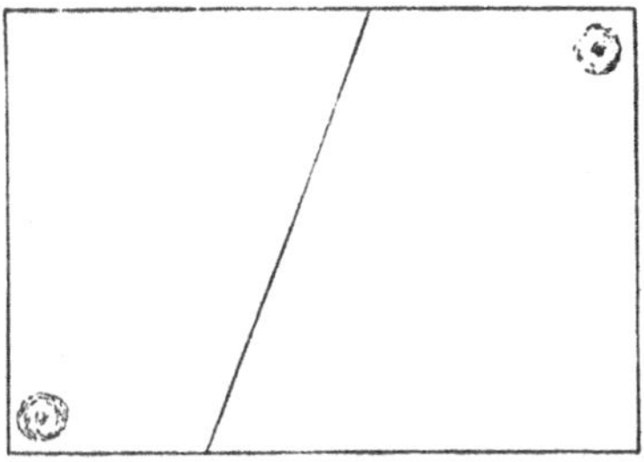

36. Heim und Heimat des Stichlings

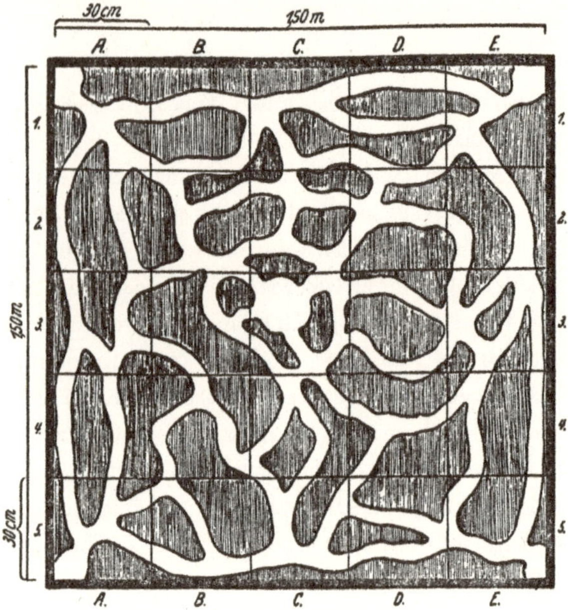

37. Heim und Heimat des Maulwurfs

Eine Spinne hingegen, die sich ein Nest baut, in dem sie sich dauernd betätigt, besitzt ein Heim, das zugleich ihre Heimat ist.

Das Gleiche gilt für den Maulwurf (Abb. 37). Auch er hat sich sein Heim und seine Heimat erbaut. Ein regelmäßiges Höhlensystem breitet sich wie ein Spinnennetz unter der Erde aus. Aber nicht nur die einzelnen Gänge sind sein Herrschaftsgebiet, sondern das ganze von ihnen umfasste Erdreich. In der Gefangenschaft legt er seine Gänge in der Weise an, dass sie einem Spinnennetz gleichen. Wir konnten nachweisen, dass der Maulwurf, dank seines hoch entwickelten Geruchsorganes, nicht nur innerhalb des Ganges seine Nahrung ausgezeichnet findet, sondern dass er darüber hinaus in der festen Erde die Nahrungsobjekte auf eine Entfernung von circa fünf bis sechs Zentimeter riechen kann. Bei einem eng gezogenen Gangsystem, wie er es in der Gefangenschaft baut, würden auch noch die zwischen den Gängen liegenden Erdbezirke von den Sinnen des Maulwurfs beherrscht werden, während in der Natur, wo der Maulwurf seine Röhren weiter auseinanderzieht, das Erdreich in einem gewissen Radius um den Gang vom Tier noch geruchlich kontrolliert werden kann. Gleich einer Spinne durchläuft der Maulwurf mehrmals dieses Röhrennetz und sammelt alles an Beute auf, was sich dorthin verirrt hat. Inmitten dieses Röhrensystems baut sich der Maulwurf eine mit trockenen Blättern ausgepolsterte Höhle - sein eigentliches Heim, in dem er seine Ruhestunden verbringt. Die Gänge unter der Erde sind alles bekannte Wege für ihn, die er mit der gleichen Geschwindigkeit und Geschicklichkeit sowohl vorwärts wie rückwärts durchlaufen kann. So weit die Gänge reichen, reicht sein Beutefeld, das zugleich seine Heimat ist, die er gegen jeden Nachbarmaulwurf auf Leben und Tod verteidigt.

Erstaunlich ist die Fähigkeit, mit der sich der Maulwurf als blindes Tier in einem für uns vollkommen gleichmäßigen Medium in unfehlbarer Weise zurechtfindet. Dressiert man ihn auf einen bestimmten Platz, wo er sein Futter erhält, so findet er diesen Ort auch nach vollständiger Zerstörung der zu ihm führenden Gänge wieder. Dabei ist es ausgeschlossen, dass er von geruchlichen Merkmalen geleitet werden kann.

Sein Raum ist ein reiner Wirkraum. Man muss annehmen, dass der Maulwurf befähigt ist, einen einmal durchlaufenen Weg mithilfe der Reproduktion der Richtungsschritte wiederzufinden. Dabei werden die Tastmerkmale, die sich mit den Richtungsschritten verbinden, wie bei allen blinden Tieren eine wichtige Rolle spielen. Man darf annehmen, dass sich Richtungsmerkmale und Richtungsschritte als Grundlage eines räumlichen Schemas vereinigen. Werden sein Gangsystem oder Teile davon zerstört, so vermag er mithilfe eines hinausverlegten Schemas ein neues System, das dem alten gleicht, herzustellen.

Die Bienen bauen sich auch ein Heim, aber das Gebiet rings um den Stock, in dem sie ihre Nahrung suchen, ist zwar ihr Beutefeld, aber nicht eine Heimat, die man gegen fremde Eindringlinge verteidigt. Hingegen wird man bei den Elstern von Heim und Heimat reden dürfen, denn sie

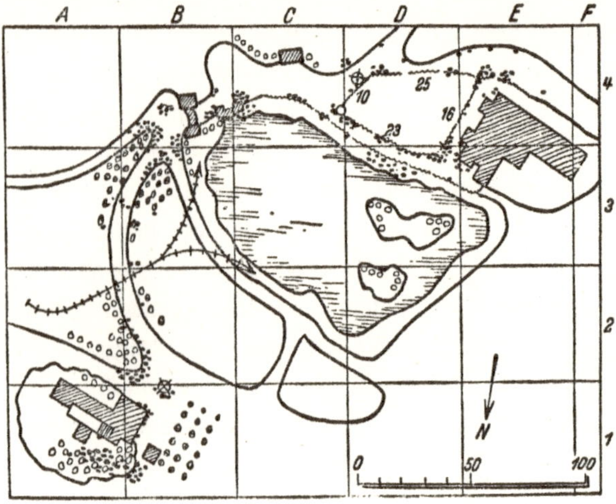

38. Karte des Zoologischen Gartens

bauen ihr Nest innerhalb eines Gebietes, in dem sie keine freien Eltern dulden.

Wahrscheinlich wird man bei sehr vielen Tieren die Erfahrung machen, dass sie ihr Beutefeld gegen ihresgleichen verteidigen und es dadurch zur Heimat machen. Ein beliebiger Landstrich wird, wenn man in ihn die Heimatsgebiete einzeichnen wollte, für jede Tierart einer politischen Karte gleichen, deren Grenzziehung durch Angriff und Verteidigung festgelegt wird. Auch wird es sich in vielen Fällen herausstellen, dass gar kein freies Land mehr vorhanden ist, sondern überall Heimat an Heimat stößt.

Sehr merkwürdig ist die Beobachtung, dass sich zwischen dem Nest vieler Raubvögel und ihrem Beutefeld eine neutrale Zone einschmiegt, in der sie überhaupt keine Beute schlagen. Die Ornithologen vermuten wohl mit Recht, dass diese Gliederung der Umwelt von der Natur getroffen worden ist, um die Raubvögel daran zu hindern, ihre eigene Brut zu schlagen. Wenn, wie man sich ausdrückt, der Nestling zum Ästling geworden ist und in der Nähe des elterlichen Nestes, von Ast zu Ast springend, seine Tage verbringt, käme er leicht in Gefahr, von den eigenen Eltern irrtümlich geschlagen zu werden. So verbringt er seine Tage ungefährdet in der neutralen Zone des Schongebietes. Das Schongebiet wird von vielen Singvögeln als Nest- und Brutstätte aufgesucht, wo sie ungefährdet im Schutz des großen Räubers ihre Jungen aufziehen können.

Eine besondere Beachtung verdient die Art und Weise, wie die Hunde ihre Heimat ihren Artgenossen gegenüber kenntlich machen. Abb. 38 stellt die Karte des Zoologischen Gartens in Hamburg dar mit den Wegen, auf denen die Stellen angegeben sind, wo auf täglichen Spaziergängen zwei täglich ausgeführte Rüden urinierten.

Es waren immer die auch für das menschliche Auge besonders kenntlichen Orte, die sie mit ihren Duftmarken belegten. Wenn beide Hunde zugleich ausgeführt wurden, trat regelmäßig ein Wetturinieren ein.

39. Bär bezeichnet sein Heim

Ein temperamentvoller Hund zeigt immer die Neigung, sobald ihm ein fremder Hund begegnet, sogleich den nächsten in die Augen fallenden Gegenstand mit seiner Visitenkarte zu versehen. Auch wird er, wenn er in die durch Duftmarken eines anderen Hundes kenntlich gemachte Heimat eines anderen Hundes eindringt, diese fremden Marken nacheinander aufsuchen und sorgfältig überpinseln. Ein temperamentloser Hund hingegen wird in der Heimat des fremden Hundes scheu an dessen Duftmarken vorübergehen und seine Anwesenheit durch kein Duftzeichen verraten.

Das Markieren der Heimat ist, wie Abb. 39 zeigt, auch bei den großen Bären Nordamerikas üblich. Der Bär reibt, in seiner ganzen Höhe aufrecht stehend, mit Rücken und Schnauze die Rinde einer einzeln stehenden, weithin sichtbaren Kiefer ab. Dies wirkt als Signal für andere Bären, die Kiefer in weitem Bogen zu umgehen und das ganze Gebiet zu meiden, wo ein Bär von solchen Ausmaßen seine Heimat verteidigt.

10. Der Kumpan

Lebhaft in Erinnerung steht mir das Bild eines ruppigen Entleins, das gemeinsam mit Putenküken ausgebrütet worden war und sich der Putenfamilie so eng angeschlossen hatte, dass es niemals ins Wasser ging und die anderen kleinen Enten, die frisch und sauber aus dem Wasser herauskamen, peinlich vermied.

Bald darauf wurde mir eine ganz junge Wildente gebracht, die mir auf Schritt und Tritt folgte. Setzte ich mich, so legte sie ihren Kopf an meinen Fuß. Ich hatte den Eindruck, dass es meine Stiefel waren, die diese Anziehungskraft auf sie ausübten, denn sie lief gelegentlich auch dem schwarzen Dachshunde nach. Daraus schloss ich, dass ein schwarzer bewegter Gegenstand genüge, um ihr das Bild der Mutter zu ersetzen, und ließ sie in der Nähe ihres mütterlichen Nestes aussetzen, um den verlorenen Familienanschluss wiederzugewinnen.

Heute ist es mir zweifelhaft geworden, ob das geschehen ist, seitdem ich darüber belehrt worden bin, dass man frisch aus dem Brutofen genommene Küken der Graugans sofort in die Tasche stecken und einer Gänsefamilie zuführen muss, damit sie sich willig ihren Artgenossen anschließen. Sind sie etwas länger in Gesellschaft des Menschen gewesen, so lehnen sie jede Gemeinschaft mit ihresgleichen ab.

In allen diesen Fällen handelt es sich um eine Verwechslung von Merkbildern, die besonders in der Umwelt der Vögel häufig vorkommt. Was wir über die Merkbilder der Vögel wissen, ist noch unzureichend, um sichere Schlüsse daraus zu ziehen.

Auf Abb. 20 haben wir bereits die Dohle auf der Jagd nach Grashüpfern belauscht und den Eindruck gewonnen, dass die Dohle für den ruhenden Grashüpfer überhaupt kein Merkbild besitzt und er daher in der Umwelt der Dohlen nicht vorhanden ist.

Eine weitere Erfahrung über die Merkbilder der Dohlen gibt Abb. 40a und b. Man sieht hier eine Dohle in Angriffsstellung gegenüber einer Katze, die eine Dohle im Maul davonträgt. Eine Katze, die keine Beute

40a. Dohle in Kampfstellung gegen Katze

40b. Dohle in Kampfstellung gegen Badehose

im Maul trägt, wird niemals von den Dohlen angegriffen. Nur wenn ihr gefährliches Gebiss durch die Beute, die sich zwischen den Zähnen befindet, außer Gefecht gesetzt ist, wird sie zum Angriffsobjekt der Dohlen.

Dies scheint eine im hohen Maße zielsichere Handlung der Dohlen zu sein. Aber in Wahrheit handelt es sich bloß um eine planvolle Reaktion, die durchaus unabhängig von irgendeiner Einsicht der Dohlen abläuft. Denn man konnte beobachten, wie die gleiche Angriffsstellung eingenommen wurde, als eine schwarze Badehose vorbeigetragen wurde. Auch wurde die Katze, als sie eine weiße Dohle vorübertrug, nicht angegriffen. Das Merkbild eines vorbeigetragenen schwarzen Gegenstandes löst ohne Weiteres die Angriffsstellung aus.

Ein so allgemein gehaltenes Merkbild kann stets Anlass zu Verwechslungen geben, wie wir das bereits beim Seeigel feststellen konnten, in dessen Umwelt Wolke und Schiff stets mit dem Feinde Fisch verwechselt werden, weil der Seeigel auf jede Verdunklung des Horizontes in gleicher Weise reagiert.

Bei den Vögeln kommen wir aber nicht mit einer so einfachen Erklärung davon.

Über die bei gesellig lebenden Vögeln auftretenden Vorgänge gibt es eine Fülle von widersprechenden Erfahrungen, die Verwechslung von Merkbildern betreffend. Erst neuerdings ist es gelungen, an einem typischen Fall einer zahmen Dohle »Tschock« die leitenden Gesichtspunkte herauszuarbeiten.

Die gesellig lebenden Dohlen haben während ihres ganzen Lebens einen »Kumpan« um sich, mit dem sie gemeinsam die verschiedensten Handlungen ausführen. Wird eine Dohle einzeln aufgezogen, so verzichtet sie keineswegs auf den Kumpan, sondern nimmt, wenn sie keine artgleichen Kumpane findet, »Ersatzkumpane« an, und zwar kann für jede neue Betätigung ein neuer Ersatzkumpan einspringen. Lorenz[12] war so liebenswürdig, mir die Abb. 41a und b zu senden, auf denen man mit einem Blick die Kumpanverhältnisse übersehen kann.

Die Dohle Tschock besaß in ihrer Jugend als Mutterkumpan Lorenz selbst. Ihm folgte sie überallhin, ihn rief sie, um geatzt zu werden, an. Als sie gelernt hatte, sich selbst Futter zu holen, wählte sie als Liebeskumpan das Stubenmädchen, vor dem sie die charakteristischen Liebestänze aufführte. Später fand sie eine junge Dohle, die Adoptivkumpan wurde und die sie selbst atzte. Wenn Tschock sich zu längeren Flügen anschickte, dann versuchte sie auf Dohlenart, Lorenz zum Mitfliegen zu bewegen, indem sie dicht hinter seinem Rücken emporflog. Als das nicht gelang, schloss sie sich fliegenden Krähen an, die nun ihre Flugkumpane wurden.

Wie man sieht, ist in der Umwelt der Dohlen kein einheitliches Merkbild für den Kumpan vorhanden. Das ist auch nicht möglich, da die Rolle des Kumpans stets wechselt.

Das Merkbild des Mutterkumpans scheint in den meisten Fällen bei der Geburt nicht festgelegt zu sein, was seine Form und Farbe betrifft. Dagegen ist es häufig die mütterliche Stimme.

»Man müßte«, schreibt Lorenz, »an einem bestimmten Fall von Mutterkumpan herausarbeiten, welche Mutterzeichen angeboren sind und welche persönlich erworben werden. Das Unheimliche ist es ja eben, dass die erworbenen Mutterzeichen dann nach wenigen Tagen, sogar Stunden (Graugans, Heinroth), so eingraviert sind, dass man schwören würde, sie seien angeboren, wenn man das Jungtier erst in diesem Stadium von der Mutter wegnimmt.«

Das Gleiche vollzieht sich bei der Wahl des Liebeskumpans. Auch hier werden die erworbenen Zeichen des Ersatzkumpans so sicher eingraviert, dass ein unverwechselbares Merkbild des Ersatzkumpans entsteht – nachdem sich die erste Verwechslung vollzogen hat. Infolgedessen werden selbst die artgleichen Tiere als Liebeskumpane abgelehnt.

Dies wird durch ein ergötzliches Erlebnis ins hellste Licht gerückt. Im Amsterdamer Zoo befand sich ein junges Rohrdommelpärchen, dessen Männchen sich in den Direktor des Zoos »verliebt« hatte. Um die Paarung nicht zu hindern, machte er sich längere Zeit unsichtbar. Das hatte den Erfolg, dass das Männchen sich an das Weibchen gewöhnte. Es kam zu einer glücklichen Ehe, und als das Weibchen auf seinen Eiern brütend saß, wagte es der Direktor, sich wieder sehen zu lassen. Aber was geschah? Kaum erblickte das Männchen seinen ehemaligen Liebeskumpan, so jagte es das Weibchen vom Neste weg und schien durch wiederholte Verbeugungen anzudeuten, er möge den ihm zukommenden Platz einnehmen und das Brutgeschäft weiterführen.

Das Merkbild des Kindkumpans scheint meist fester Umrissen zu sein. Wahrscheinlich spielt hier der aufgerissene Rachen der Jungen die

41a und b. Die Dohle »Tschock« und ihre vier Kumpane

führende Rolle. Aber auch in diesem Falle erlebt man, dass bei hochgezüchteten Hühnerrassen, wie Orpingtons, junge Kätzchen und Kaninchenkinder von den Glucken bemuttert werden.

Der Ersatzkumpan für die freien Flüge ist wieder in weiterem Rahmen gehalten, wie »Tschock« zeigt.

Wenn man bedenkt, dass die vorbeigetragene Badehose zum angreifbaren Feind für die Dohle wird, das heißt den Wirkton »Feind« erhält, so wird man sagen können, dass es sich hier um einen Ersatzfeind handelt. Da es in der Umwelt der Dohlen viele Feinde gibt, so hat das Auftreten des Ersatzfeindes, besonders wenn es nur einmal geschieht, keinen Einfluss auf die Merkbilder der echten Feinde. Anders beim Kumpan. Dieser ist nur einmalig in der Umwelt vorhanden, und die Verleihung des Wirktones an einen Ersatzkumpan muss das spätere Auftreten eines echten Kumpans unmöglich machen. Nachdem das Merkbild des Stubenmädchens in der Umwelt von »Tschock« den ausschließlichen »Liebeston« erhalten hatte, waren alle anderen Merkbilder unwirksam geworden.

Wenn man sich vorstellt (was nicht ohne Analogie bei primitiven Menschen ist), dass in der Umwelt der Dohlen alle Lebewesen, das heißt die bewegten Dinge, in Dohlen und Nichtdohlen zerfallen, und wenn weiter, je nach der persönlichen Erfahrung, die Grenze anders gezogen ist, so kann man vielleicht verstehen, dass so groteske Missgriffe vorkommen wie die eben beschriebenen. Nicht das Merkbild allein ist ausschlaggebend dafür, ob man es mit Dohlen oder Nichtdohlen zu tun hat, sondern das Wirkbild der eigenen Einstellung. Dieses allein entscheidet darüber, welches Merkbild den jeweiligen Kumpanton erhält.

11. Suchbild und Suchton

Ich beginne wieder mit zwei persönlichen Erfahrungen, die am besten erläutern werden, was unter dem für die Umwelt wichtigen Faktor - dem Suchbild - zu verstehen ist. Als ich längere Zeit bei einem Freunde zu Gast war, wurde mir täglich zum Mittagessen ein irdener Wasserkrug vor meinen Platz gestellt. Eines Tages hatte der Diener den Tonkrug zerschlagen und mir stattdessen eine Glaskaraffe hingestellt. Als ich beim Essen nach dem Krug suchte, sah ich die Glaskaraffe nicht. Erst als mein Freund mir versicherte, das Wasser stünde an seinem gewohnten Platz, schossen auf einmal verschiedene Glanzlichter, die auf Messern und Tellern verstreut lagen, durch die Luft zusammen und bildeten die Glaskaraffe. Dieser Erfahrung soll Abb. 42 Ausdruck geben. Das Suchbild vernichtet das Merkbild.

Die zweite Erfahrung ist folgende: Ich betrat eines Tages einen Laden, in dem ich eine größere Rechnung zu bezahlen hatte, und zog eine

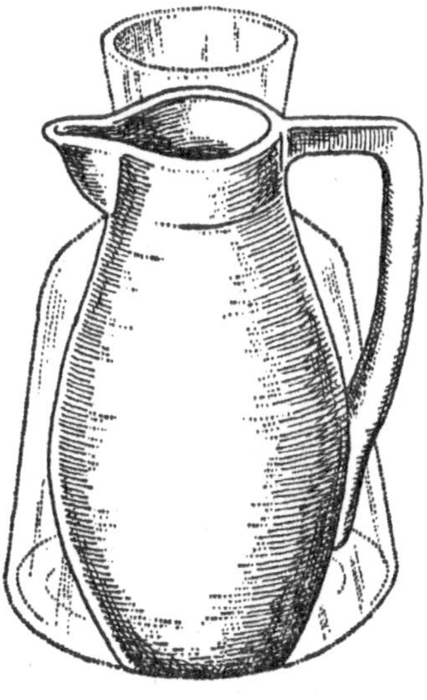

42. Das Suchbild vernichtet das Merkbild

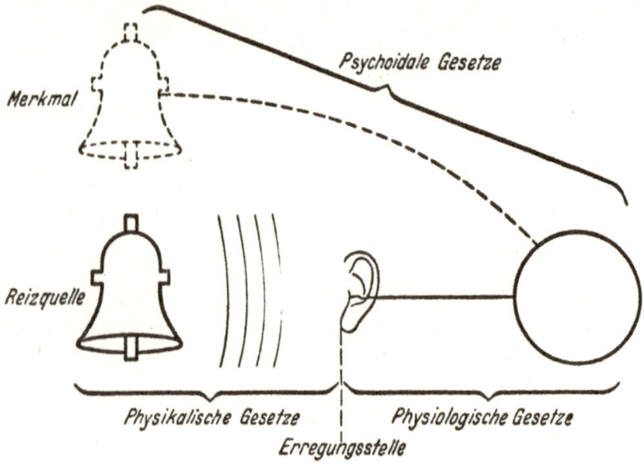

43. Die Vorgänge beim Merken

100-Mark-Note. Diese war ganz neu und leicht geknickt, sie legte sich nicht auf den Ladentisch, sondern blieb auf ihrer Kante stehen. Ich bat die Verkäuferin, mir den Rest herauszugeben. Sie erklärte mir, ich habe noch nicht bezahlt. Vergeblich versuchte ich, sie darauf hinzuweisen, dass sich das Geld vor ihrer Nase befände. Sie wurde ärgerlich und bestand auf sofortige Bezahlung. Da rührte ich den Schein mit dem Zeigefinger an, dass er umfiel und sich richtig legte. Das Fräulein stieß einen kleinen Schrei aus, nahm dann den Schein und betastete ihn voller Besorgnis, er möge sich wieder in Luft auflösen. Auch in diesem Falle hatte offensichtlich das Suchbild das Merkbild ausgeschaltet.

Es wird wohl jeder Leser ähnliche Erfahrungen gemacht haben, die wie Hexerei wirken.

In meiner Lebenslehre habe ich die hier wiedergegebene Abb. 43 veröffentlicht, welche die verschiedenen Vorgänge, die beim Merken eines Menschen ineinandergreifen, erläutert. Wenn wir eine Glocke vor einen Menschen hinstellen und sie erklingen lassen, so tritt sie in seiner Umgebung als Reizquelle auf, von der Luftwellen an sein Ohr dringen

44a und b. Hund und Suchbild

(physikalische Prozesse). Im Ohr werden die Luftwellen in Nervenerregungen verwandelt, die das Merkorgan des Gehirnes treffen (physiologische Prozesse). Nun springen die Merkzellen mit ihren Merkzeichen ein und verlegen ein Merkmal in die Umwelt (psychoidaler Prozess).

Ziehen neben den Luftwellen, die das Ohr treffen, auch Ätherwellen zum Auge, das ebenfalls Erregungen zum Merkorgane entsendet, dann werden ihre Merkzeichen von Tönen und Farben durch ein Schema zu einer Einheit geformt, das, in die Umwelt hinausverlegt, zum Merkbild wird.

Die gleiche grafische Darstellung kann man auch zu Erläuterungen des Suchbildes benutzen. In diesem Falle soll die Glocke außerhalb des Gesichtsfeldes liegen. Die Merkzeichen der Töne werden ohne Weiteres in die Umwelt hinausverlegt. Mit ihr verbunden ist aber ein unsichtbares optisches Merkbild, das als Suchbild dient. Tritt nach dem Suchen die Glocke in das Gesichtsfeld, so vereinigt sich das nun entstehende Merkbild mit dem Suchbild. Weichen beide allzu sehr voneinander ab, so kann es geschehen, dass das Suchbild das Merkbild ausschaltet, wie aus den eben gegebenen Beispielen hervorgeht.

In der Umwelt des Hundes gibt es ganz bestimmt Suchbilder. Wenn der Herr seinen Hund einen Stock apportieren lässt, so hat der Hund, wie Abb. 44a und b zeigen, ein ganz bestimmtes Suchbild des Stockes. Hier ist uns auch die Gelegenheit geboten, zu untersuchen, wie genau das Suchbild dem Merkbild entspricht.

Von der Kröte wird Folgendes berichtet: Eine Kröte, die nach längerem Hungern einen Regenwurm verspeist hat, stürzt sich sogleich auf ein Zündhölzchen, das mit dem Regenwurm eine gewisse Formähnlichkeit besitzt. Es ist daraus zu schließen, dass ihr der eben verspeiste Regenwurm als Suchbild dient – wie das auf Abb. 45 wiedergegeben ist.

Hat die Kröte dagegen ihren ersten Hunger mit einer Spinne gestillt, so besitzt sie ein anderes Suchbild, denn nun schnappt sie nach einem Stückchen Moos oder einer Ameise, was ihr aber sehr schlecht bekommt.

Nun suchen wir keineswegs immer nach einem bestimmten Gegenstand mit einem einmaligen Merkbild, sondern viel häufiger nach

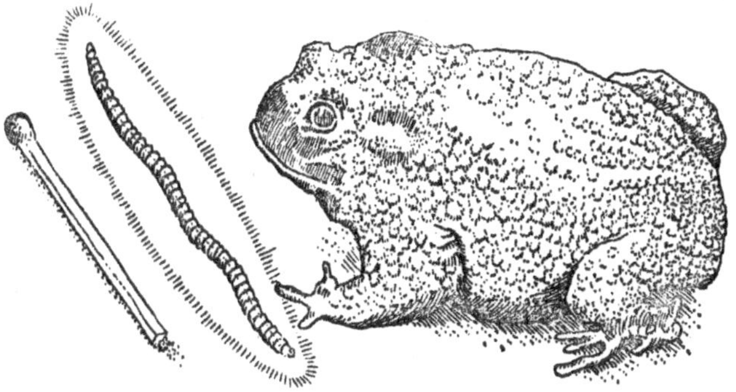

45. Suchbild der Kröte

einem Gegenstand, der einem gewissen Wirkbilde entspricht. So sehen wir uns meistens nicht nach einem bestimmten Stuhl um, sondern nach irgendeiner Sitzgelegenheit, das heißt nach einem Ding, das sich mit einem bestimmten Leistungston verbinden lässt. In diesem Fall kann man nicht von einem Suchbilde, sondern nur von einem Suchton reden.

Wie groß die Rolle ist, die der Suchton in den Umwelten der Tiere spielt, geht aus dem angeführten Beispiel des Einsiedlerkrebses und der Seerose hervor. Was wir dort die verschiedene Stimmung des Krebses nannten, können wir jetzt viel genauer als den verschiedenen Suchton bezeichnen, mit dem der Krebs an das gleiche Merkbild heranging und ihm bald einen Schutzton, bald einen Wohnungston, bald einen Nahrungston verlieh.

Die hungernde Kröte geht zuerst nur mit einem allgemeinen Fresston auf die Suche nach Nahrung, und erst nachdem sie einen Regenwurm oder eine Spinne gefressen hat, gesellt sich ein bestimmtes Suchbild hinzu.

12. Die magischen Umwelten

Zweifellos besteht überall ein grundsätzlicher Gegensatz zwischen der Umgebung, die wir Menschen um die Tiere ausgebreitet sehen, und den von ihnen selbst aufgebauten und mit ihren Merkdingen erfüllten Umwelten. Bisher waren in der Regel die Umwelten das Erzeugnis der durch äußere Reize wachgerufenen Merkzeichen gewesen. Von dieser Regel machten bereits das Suchbild sowie die Tracierung des bekannten Weges und die Abgrenzung der Heimat eine Ausnahme, die auf keinerlei äußere Reize zurückzuführen waren, sondern freie subjektive Erzeugnisse darstellten.

Diese subjektiven Erzeugnisse hatten sich im Anschluss an wiederholte persönliche Erfahrungen des Subjektes herausgebildet.

Wenn wir nun weitergehen, betreten wir Umwelten, in denen sehr wirkungsvolle, aber nur dem Subjekt sichtbare Erscheinungen auftreten, die an keine Erfahrungen oder höchstens an ein einmaliges Erlebnis gebunden sind. Solche Umwelten nennen wir *magische*.

Wie tief viele Kinder in magischen Umwelten leben, dafür möge Folgendes als Beispiel dienen:

Frobenius[13] erzählt in seinem *Paideuma* von einem kleinen Mädchen, das mit einer Streichholzschachtel und drei Streichhölzern die Geschichte vom Knusperhäuschen, Hänsel und Gretel und der bösen Hexe still vor sich hinspielte und plötzlich ausrief: »Nimm mir die Hexe fort, ich kann ihr scheußliches Gesicht nicht mehr ansehen.«

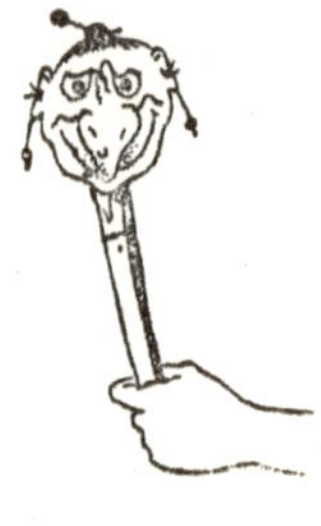

46. Die magische Erscheinung der Hexe

47. Start und imaginäre Fliege

Dieses typisch-magische Erlebnis ist in der Abb. 46 angedeutet. Jedenfalls ist die böse Hexe leibhaftig in der Umwelt des kleinen Mädchens aufgetreten.

Solche Erfahrungen sind den Forschungsreisenden bei primitiven Völkern oft aufgestoßen. Man behauptet von den Primitiven, dass sie in einer magischen Welt leben, in der sich fantastische Erscheinungen unter die sinnlich gegebenen Dinge ihrer Welt mischen.

Wer genauer zusieht, wird in mancher Umwelt hochkultivierter Europäer den gleichen magischen Bildungen begegnen.

Es fragt sich nun, ob die Tiere ebenfalls in magischen Umwelten leben. Von Hunden werden mehrfach magische Erlebnisse berichtet. Doch sind diese Angaben bisher nicht genügend kritisch gesichtet worden. Im Großen und Ganzen aber wird man wohl zugeben müssen, dass die Hunde ihre Erfahrungen in einer Weise miteinander verbinden, die eher einen magischen als einen logischen Charakter trägt. Die Rolle, die der Herr in der Umwelt des Hundes spielt, wird sicher magisch erfasst und nicht in Ursache und Wirkung zergliedert.

Über eine zweifellos magische Erscheinung in der Umwelt eines Vogels berichtet ein befreundeter Forscher: Er hatte einen jungen Star im

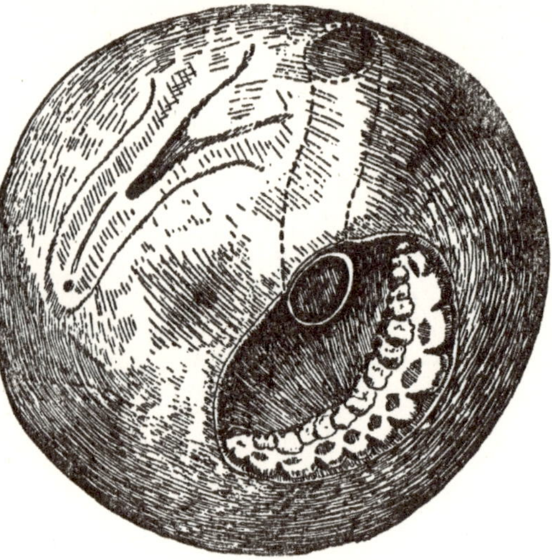

48. Der magische Weg der Erbsenkäferlarve

Zimmer aufgezogen. Der Vogel hatte keine Gelegenheit, je eine Fliege zu sehen, geschweige denn zu fangen. Da beobachtete er (Abb. 47), dass der Star plötzlich auf einen unsichtbaren Gegenstand losfuhr, ihn in der Luft erschnappte, mit ihm auf seinen Sitzplatz zurückkehrte und nun mit dem Schnabel darauf loshackte, wie das alle Stare mit gefangenen Fliegen zu tun pflegen, und dann das unsichtbare Ding hinunterschluckte.

Es bestand kein Zweifel darüber, dass der Star die Erscheinung einer imaginären Fliege in seiner Umwelt gehabt hatte. Offenbar war seine ganze Umwelt derart mit dem »Fresston« geladen, dass auch ohne das Auftreten eines sinnlichen Reizes das sprungbereite Wirkbild des Fliegenfanges das Auftreten des Merkbildes erzwang, was zur Auslösung der ganzen Handlungsfolge führte.

Diese Erfahrung gibt uns einen Fingerzeig, uns sonst völlig rätselhafte Handlungen verschiedener Tiere magisch zu deuten.

Abb. 48 erläutert die bereits von Fabre erforschte Handlungsweise der Erbsenkäferlarve, die sich rechtzeitig in dem noch weichen Fleisch der jungen Erbse einen Kanal bis an die Oberfläche bohrt, den sie erst nach ihrer Verwandlung in den ausgewachsenen Käfer aus der inzwischen hart gewordenen Erbse zum Ausschlüpfen benutzt. Es ist ganz sicher, dass es sich hier um eine zwar planvolle, aber vom Standpunkt der Käferlarve völlig sinnlose Betätigung handelt, denn kein Sinnenreiz des künftigen Käfers kann seine Larve erreichen. Kein Merkzeichen kündet der Larve den Weg, den sie noch niemals beschritten und den sie doch beschreiten muss, wenn sie nach ihrer Umwandlung zum Käfer nicht elend verkommen soll. Klar vorgezeichnet liegt der Weg vor ihr als eine magische Bildung. Anstelle des durch Erfahrung gewonnenen bekannten Weges tritt hier der angeborene Weg.

Die Abbildungen 49 und 50 zeigen zwei weitere Beispiele des angeborenen Weges. Das Weibchen des Trichterwicklers beginnt an einer bestimmten Stelle des Birkenblattes (die ihr möglicherweise durch ihren Geschmack kenntlich ist), eine geschwungene Linie von vorgeschriebener Form in das Blatt zu schneiden, die es ihr ermöglicht, nachträglich das Blatt zu einer Tüte zusammenzurollen, in die es seine Eier legen wird. Obgleich der Käfer den Weg nie beschritten hat und das Birkenblatt keine Andeutung des Weges zeigt, muss dieser doch in voller Klarheit als magische Erscheinung vor ihm liegen.

Das Gleiche gilt für die Flugstraße der Wandervögel. Die Kontinente tragen, nur den Vögeln sichtbar, den angeborenen Weg. Das gilt sicher für jene Jungvögel, die ohne Begleitung ihrer Eltern sich auf den Weg machen, während für die anderen die Erwerbung eines bekannten Weges nicht außerhalb der Möglichkeit liegt.

Wie der bekannte Weg, den wir ausführlich behandelt haben, wird auch der angeborene Weg sowohl durch den Sehraum wie den Wirkraum führen.

Der einzige Unterschied zwischen beiden liegt darin, dass beim bekannten Wege eine Reihe von Merk- und Wirkzeichen einander ablösen, die durch vorangegangene Erfahrungen festgelegt wurden, während beim angeborenen Weg die gleiche Reihe von Zeichen als magische Erscheinung unmittelbar gegeben ist.

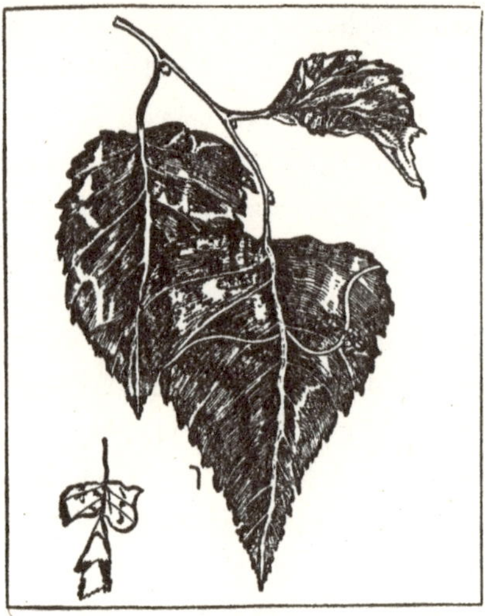

49. Der magische Weg des Trichterwicklers

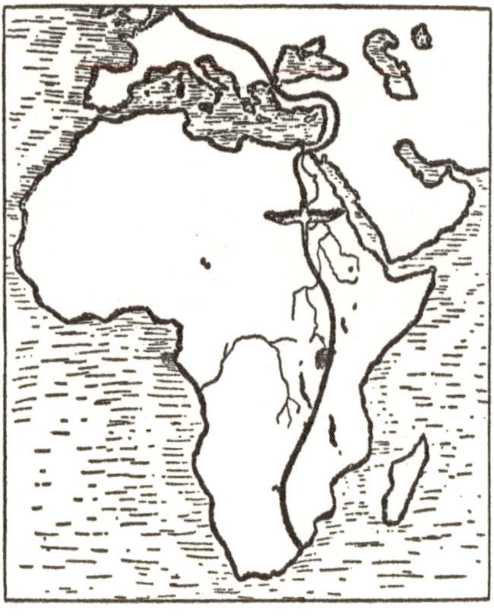

50. Der magische Weg des Zugvogels

Für den außenstehenden Beobachter ist der bekannte Weg in einer fremden Umwelt genauso unsichtbar wie der angeborene. Und wenn man annimmt, dass der bekannte Weg für das fremde Subjekt in dessen Umwelt in Erscheinung tritt – woran nicht zu zweifeln ist –, so fehlt jede Veranlassung, die Erscheinung des angeborenen Weges zu leugnen, da sie sich aus den gleichen Elementen, den hinausverlegten Merkzeichen und Wirkzeichen, zusammensetzt. In dem einen Fall sind sie durch sinnliche Reize hervorgerufen worden, in dem anderen Fall werden sie wie eine angeborene Melodie nacheinander anklingen.

Wenn einem Menschen ein bestimmter Weg angeboren wäre, so würde sich dieser wie der bekannte Weg beschreiben lassen: Hundert Schritte bis zum roten Hause, dann rechtsherum usw.

Will man nur das, was durch die Sinneserfahrung dem Subjekt gegeben ist, sinnvoll nennen, so ist freilich nur der bekannte Weg sinnvoll zu nennen, der angeborene aber nicht. Darum bleibt er aber doch im höchsten Grade planvoll.

Dass die magischen Erscheinungen in der Tierwelt eine weit größere Rolle spielen, als wir vermuten, dafür spricht eine merkwürdige Erfahrung, über die ein neuerer Forscher berichtet hat. Er hatte eine Henne in einem bestimmten Stall gefüttert und, während sie die Körner aufpickte, ein Meerschweinchen in den Stall gelassen. Die Henne geriet außer sich und flatterte heftig umher. Von nun an war die Henne nicht mehr dazu zu bringen, in diesem Stall Nahrung zu sich zu nehmen. Sie wäre mitten unter den schönsten Körnern verhungert. Offenbar hing die Erscheinung des ersten Erlebnisses als magischer Schatten über dem Stall – was die Abb. 51 ausdrücken soll. Das legt die Vermutung nahe, dass auch dann, wenn die Glucke auf das piepende Küken zustürzt und mit heftigen Schnabelhieben einen imaginären Feind verjagt, eine magische Erscheinung in ihrer Umwelt aufgetreten ist.

Je weiter wir uns in das Studium der Umwelten vertieft haben, um so mehr haben wir uns davon überzeugen müssen, dass in ihnen wirksame Faktoren auftreten, denen man keine objektive Wirklichkeit zusprechen kann. Beginnend mit dem Ortemosaik, das das Auge den Dingen

51. Der magische Schatten

der Umwelt aufprägt und das in der Umgebung ebenso wenig vorhanden ist wie die Richtungsebenen, die den Umweltraum tragen. Ebenfalls war es unmöglich, einen Faktor in der Umgebung zu finden, der dem bekannten Wege des Subjekts entspricht. Die Einteilung von Heimat und Beutefeld gibt es in der Umgebung nicht. Keine Spuren des wichtigen Suchbildes in der Umwelt sind in der Umgebung vorhanden. Nun sind wir zum Schluss auf die magische Erscheinung des angeborenen Weges gestoßen, die jeder Objektivität spottet und doch planmäßig in die Umwelt eingreift.

Es gibt also reine subjektive Wirklichkeiten in den Umwelten. Aber auch die objektiven Wirklichkeiten der Umgebung treten nie als solche in den Umwelten auf. Sie werden stets in Merkmale oder Merkbilder verwandelt und mit einem Wirkton versehen, der sie erst zu wirklichen Gegenständen macht, obgleich vom Wirkton in den Reizen nichts vorhanden ist.

Und schließlich lehrt uns der einfache Funktionskreis, dass sowohl Merkmale wie Wirkmale Äußerungen des Subjekts sind und die Eigenschaften der Objekte, die der Funktionskreis einschließt, nur als ihre Träger angesprochen werden können.

So kommen wir dann zum Schluss, dass ein jedes Subjekt in einer Welt lebt, in der es nur subjektive Wirklichkeiten gibt und die Umwelten selbst nur subjektive Wirklichkeiten darstellen.

Wer die Existenz subjektiver Wirklichkeiten leugnet, hat die Grundlagen seiner eigenen Umwelt nicht erkannt.

13. Das gleiche Subjekt als Objekt in verschiedenen Umwelten

Die bisherigen Kapitel beschrieben einzelne Streifzüge nach verschiedenen Richtungen in das unbekannte Land der Umwelt. Sie waren nach Problemen geordnet, um in jedem Fall eine einheitliche Betrachtungsweise zu gewinnen.

Wenngleich einige Grundprobleme dabei behandelt worden sind, so ist durchaus keine Vollständigkeit erreicht und erstrebt worden. Viele Probleme harren der gedanklichen Erfassung, und andere sind über die bloße Fragestellung noch nicht hinausgediehen. So wissen wir noch nichts darüber, wie viel vom eigenen Körper des Subjektes in seine Umwelt übergeht. Nicht einmal die Frage der Bedeutung des eigenen Schattens im Sehraum ist experimentell in Angriff genommen worden.

So wichtig die Verfolgung von einzelnen Problemen für die Umweltforschung ist, so unzureichend ist sie, um einen Überblick über den Zusammenhang der Umwelten untereinander zu gewinnen.

Auf einem beschränkten Gebiet lässt sich jeweils ein solcher Überblick erreichen, wenn man der Frage nachgeht: Wie nimmt sich das gleiche Subjekt als Objekt in verschiedenen Umwelten, in denen es eine wichtige Rolle spielt, aus?

Ich wähle als Beispiel eine Eiche, die von vielen Tiersubjekten bevölkert ist und in jeder Umwelt dazu berufen ist, eine andere Rolle zu spielen. Da die Eiche auch in verschiedenen menschlichen Umwelten auftritt, beginne ich mit diesen.

Die Abbildungen 52 und 53 sind Wiedergaben zweier Zeichnungen, die wir der Künstlerhand Franz Huths verdanken.

(Abb. 52.) In der durchaus rationalen Umwelt des alten Forstmannes, der zu bestimmen hat, welche Stämme seines Waldes schlagreif sind, ist die der Axt verfallene Eiche nichts anderes als einige Klafter Holz, was der Förster durch genaues Messen festzustellen sucht. Dabei wird die aufgewulstete Rinde, die zufällig einem menschlichen Gesicht

52. Förster und Eiche

53. Mädchen und Eiche

54. Fuchs und Eiche

55. Eule und Eiche

gleicht, nicht weiter beachtet. Die nächste Abb. 53 zeigt die gleiche Eiche in der magischen Umwelt eines kleinen Mädchens, dessen Wald noch von Gnomen und Kobolden bevölkert ist. Das Mädchen erschrickt heftig, als die Eiche sie mit ihrem bösen Gesicht ansieht. Die ganze Eiche ist zu einem gefährlichen Dämon geworden.

Im Schlosspark meines Vetters in Estland stand ein alter Apfelbaum. Auf ihm war ein großer Baumschwamm gewachsen, der eine entfernte Ähnlichkeit mit dem Gesicht eines Clowns hatte, was bisher niemand bemerkt hatte. Eines Tages ließ mein Vetter ein Dutzend russischer Saisonarbeiter kommen, die den Apfelbaum entdeckten und sich nun täglich vor ihm versammelten, um eine Andacht zu halten, wobei sie Gebete murmelten und sich bekreuzigten.

Sie erklärten, der Schwamm müsse ein wundertätiges Bild sein, weil er nicht von Menschenhand verfertigt sei. Ihnen erschienen magische Vorgänge in der Natur als ganz selbstverständlich.

Doch kehren wir zur Eiche und ihren Bewohnern zurück. Für den Fuchs (Abb. 54), der sich zwischen den Wurzeln einer Eiche seine Höhle gebaut hat, ist die Eiche zu einem festen Dach geworden, das ihn und seine Familie vor den Fährnissen der Witterung schützt. Sie besitzt weder den Nutzton aus der Umwelt des Försters noch den Gefahrton aus der Umwelt des kleinen Mädchens, sondern lediglich einen Schutzton. Wie sie im Übrigen gestaltet ist, spielt in der Umwelt des Fuchses keine Rolle.

Ebenfalls einen Schutzton weist die Eiche in der Umwelt der Eule auf (Abb. 55). Nur sind es diesmal nicht ihre Wurzeln, die gänzlich außerhalb der Umwelt liegen, sondern die mächtigen Äste, die ihr als Schutzwand dienen.

Für das Eichhörnchen gewinnt die Eiche mit ihren reichen Verzweigungen, die bequeme Sprungbretter darbieten, einen Kletterton, und für die Singvögel, die in den fernen Verästelungen ihre Nester bauen, bietet sie den nötigen Tragton.

Entsprechend den verschiedenen Wirktönen sind auch die Merkbilder der zahlreichen Insassen der Eiche verschieden gestaltet. Jede Umwelt schneidet aus der Eiche einen bestimmten Teil heraus, dessen

56. Ameise und Eiche

Eigenschaften geeignet sind, sowohl die Merkmalträger als auch die Wirkmalträger ihrer Funktionskreise zu bilden. In der Umwelt der Ameise (Abb. 56) verschwindet die ganze übrige Eiche hinter ihrer rissigen Rinde, deren Täler und Höhen zum Beutefeld der Ameisen werden.

(Abb. 57.) Unterhalb der Rinde, die er absprengt, sucht der Borkenkäfer seine Nahrung. Hier legt er seine Eier ab. Seine Larven bohren unterhalb der Rinde ihre Gänge, wo sie, geschützt von den Gefahren der Außenwelt, sich in ihrer Nahrung weiterfressen. Aber nicht ganz geschützt sind sie. Denn nicht nur der Specht, der mit mächtigen Schnabelhieben die Rinde abspaltet, stellt ihnen nach, auch eine

Schlupfwespe (Abb. 58), deren feiner Legestachel das (in allen anderen Umwelten) harte Holz der Eiche wie Butter durchdringt, vernichtet sie, indem sie ihnen ihre Eier einimpft. Aus den Eiern schlüpfen Larven hervor, die sich vom Fleisch ihrer Opfer mästen.

In all den Hundert verschiedenen Umwelten ihrer Bewohner spielt die Eiche als Objekt eine höchst wechselvolle Rolle, bald mit diesen, bald mit jenen Teilen. Bald sind die gleichen Teile groß, bald klein. Bald ist ihr Holz hart, bald weich. Bald dient sie dem Schutz, bald dem Angriff.

57. Borkenkäfer und Eiche

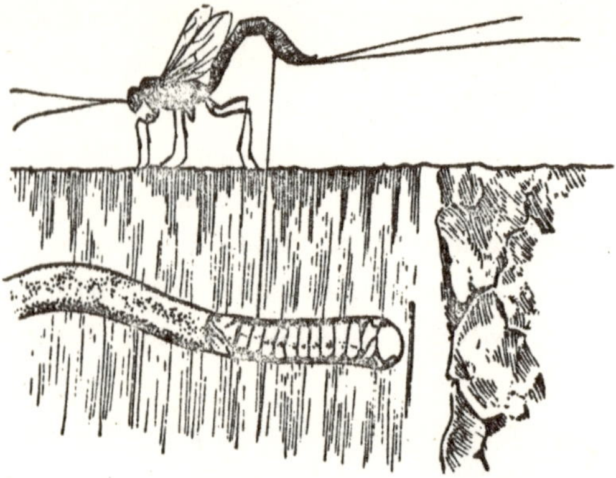

58. Schlupfwespe und Eiche

Wollte man all die widersprechenden Eigenschaften, die die Eiche als Objekt aufweist, zusammenfassen, es würde nur ein Chaos daraus entstehen. Und doch sind sie alle nur Teile eines in sich fest gefügten Subjektes, das alle Umwelten trägt und hegt – von allen Subjekten dieser Umwelten nicht erkannt und ihnen nie erkennbar.

14. Schluss

Was wir an der Eiche im Kleinen erkannt haben, spielt sich am Lebensbaume der Natur im Großen ab.

Aus den Millionen Umwelten, deren Menge uns verwirren würde, greifen wir nur diejenigen heraus, die der Erforschung der Natur gewidmet sind – die Umwelten der Naturforscher.

Abb. 59 zeigt uns die Umwelt des Astronomen, die am leichtesten darstellbar ist. Auf einem hohen Turm, möglichst weit entfernt von der Erde, sitzt ein menschliches Wesen, das seine Augen durch riesige optische Hilfsmittel so verändert hat, dass sie geeignet wurden, den Weltraum bis zu den letzten Sternen zu durchdringen. In seiner Umwelt kreisen Sonnen und Planeten in feierlichem Gang. Das schnellfüßige Licht braucht Millionen von Jahren, um diesen Umweltraum zu durchdringen.

Und doch ist die ganze Umwelt nur ein winziger Ausschnitt der Natur, zugeschnitten nach den Fähigkeiten eines Menschensubjektes.

Mit geringen Abänderungen kann man das Astronomenbild benutzen, um eine Vorstellung der Umwelt eines Tiefseeforschers zu gewinnen. Nur kreisen nicht Gestirne um sein Gehäuse, sondern die fantastischen Gestalten der Fische der Tiefsee mit ihren unheimlichen Mäulern, ihren langen Fühlern und ihren strahlenförmigen Leuchtorganen. Auch hier blicken wir in eine wirkliche Welt, die einen kleinen Ausschnitt der Natur wiedergibt.

Die Umwelt eines Chemikers, der mithilfe der Elemente wie mit 92 Buchstaben den rätselhaften Zusammenhang der Stoffworte der Natur zu lesen und zu schreiben trachtet, ist schwer anschaulich wiederzugeben.

Eher gelingt es, die Umwelt eines Atomphysikers darzustellen, denn ähnlich wie die Gestirne den Astronomen umkreisen, umkreisen ihn die Elektronen. Nur herrscht hier keine Weltenruhe, sondern ein rasendes Getriebe der kleinsten Teile, aus denen der Physiker mit einem Bombardement winzigster Geschosse Absprengungen vornimmt.

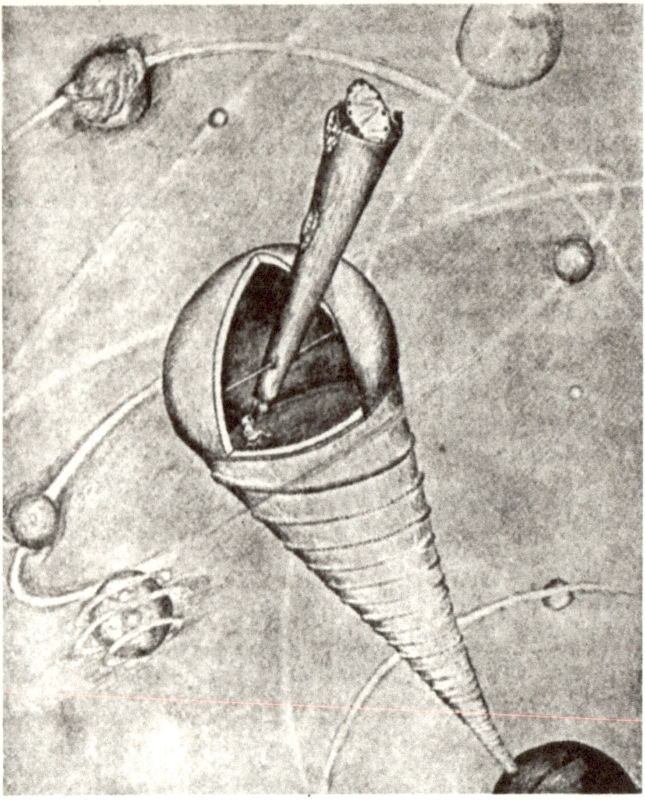

59. Die Umwelt des Astronomen

Wenn ein anderer Physiker in seiner Umwelt die Ätherwellen untersucht, so benutzt er wieder ganz andere Hilfsmittel, die ihm ein Bild der Wellen liefern. Nun kann er feststellen, dass die Lichtwellen, die unsere Augen reizen, sich den anderen Wellen anschließen, ohne irgendwelche Unterschiede zu zeigen. Es sind eben Wellen und weiter nichts.

Eine ganz andere Rolle spielen die Lichtwellen in der Umwelt des Sinnesphysiologen. Hier werden sie zu Farben, die ihre eigenen Gesetze haben. Rot und Grün vereinigen sich zu Weiß, und die Schatten, auf eine gelbe Unterlage geworfen, werden blau. Vorgänge, die bei den

Wellen unerhört sind, und doch sind die Farben genauso wirklich wie die Ätherwellen.

Den gleichen Gegensatz zeigen die Umwelten eines Erforschers der Luftwellen und eines Musikforschers. In der einen gibt es nur Wellen, in der anderen nur Töne. Beide sind aber gleich wirklich.

So geht es weiter. In der Umwelt der Natur des Behavioristen erzeugt der Körper den Geist, und in der Welt des Psychologen erbaut der Geist den Körper.

Es ist die Rolle, die die Natur als Objekt in den verschiedenen Umwelten der Naturforscher spielt, höchst widerspruchsvoll. Wenn man ihre objektiven Eigenschaften zusammenfassen wollte, so ergäbe sich ein Chaos. Und doch werden alle diese verschiedenen Umwelten gehegt und getragen von dem einen, das allen Umwelten für ewig verschlossen bleibt. Hinter all seinen von ihm erzeugten Welten verbirgt sich ewig unverkennbar das Subjekt – Natur.

Bedeutungslehre

Meinen wissenschaftlichen Gegnern
zur freundlichen Beachtung empfohlen

1. Bedeutungsträger[14]

Der Anblick der leichtbeschwingten Insekten, wie Bienen, Hummeln und Libellen, die sich über einer blumenreichen Wiese tummeln, erweckt in uns immer wieder den Eindruck, als stünde diesen beneidenswerten Geschöpfen die ganze Welt offen.

Selbst die erdgebundenen Tiere wie Frösche, Mäuse, Schnecken und Würmer scheinen sich frei in der freien Natur zu bewegen.

Dieser Eindruck ist trügerisch. In Wahrheit ist jedes noch so frei bewegliche Tier an eine bestimmte Wohnwelt gebunden, deren Schranken zu erforschen zu den Aufgaben der Ökologen gehört.

Wir zweifeln von vornherein gar nicht daran, dass eine umfassende Welt vorhanden ist, die sich vor unseren Augen ausbreitet, aus der ein jedes Tier sich seine Wohnwelt herausschneidet. Wie der Augenschein lehrt, tritt ein jedes Tier innerhalb seiner Wohnwelt einer Anzahl von Gegenständen gegenüber, mit denen es engere oder weitere Beziehungen unterhält. So ergibt sich aus dieser Sachlage für jeden experimentellen Biologen scheinbar von selbst die Aufgabe, verschiedene Tiere dem gleichen Gegenstand gegenüberzustellen, um die Beziehungen zwischen Tier und Gegenstand zu erforschen, wobei der gleiche Gegenstand das gleichbleibende Maß bei allen Tierversuchen darstellt.

So haben die amerikanischen Forscher unermüdlich in Tausenden von Versuchen, beginnend mit weißen Ratten, die verschiedensten Tiere in ihren Beziehungen zu einem Irrgarten zu erforschen versucht.

Die unbefriedigenden Resultate dieser mit den feinsten Messmethoden und der höchsten Rechenkunst ausgeführten Arbeiten hätte jeder Voraussagen können, der sich klargemacht hätte, dass die stillschweigende Voraussetzung, ein Tier könne jemals mit einem Gegenstand in Beziehung treten, falsch ist.

Der Beweis für diese überraschend klingende Behauptung ist anhand eines einfachen Beispiels leicht zu führen. Gesetzt den Fall: Ich werde auf der Landstraße von einem wütenden Hunde angebellt. Um ihn loszuwerden, hebe ich einen Chausseestein auf und verjage den Angreifer mit einem geschickten Wurf – dann wird niemand, der den Vorgang beobachtete und den Stein nachher aufhob, daran zweifeln, dass es derselbe Gegenstand »Stein« war, der anfangs auf der Straße lag und nachher dem Hunde nachgeworfen wurde.

Weder die Form noch die Schwere noch die sonstigen physikalischen und chemischen Eigenschaften des Steines haben sich geändert. Seine Farbe, seine Härte, seine Kristallbildungen sind die gleichen geblieben – und doch hat sich eine grundsätzliche Wandlung an ihm vollzogen: Er hat seine *Bedeutung* gewechselt.

Solange der Stein der Landstraße eingegliedert war, diente er dem Fuß des Wanderers als Unterstützung. Seine Bedeutung lag in seiner Teilnahme an der Leistung des Weges. Er hatte, wie wir uns ausdrücken können, einen »Wegton«.

Das änderte sich von Grund aus, als ich den Stein aufhob, um ihn nach dem Hunde zu werfen. Der Stein wurde zu einem Wurfgeschoss – eine neue Bedeutung wurde ihm aufgeprägt. Er erhielt einen »Wurfton«.

Der Stein, der als beziehungsloser Gegenstand in der Hand des Beobachters liegt, wandelt sich in einen Bedeutungsträger, sobald er in Beziehung zu einem Subjekt tritt. Da kein Tier jemals als Beobachter auftritt, darf man behaupten, dass kein Tier jemals zu einem »Gegenstand« in Beziehung tritt. Durch die Beziehung allein verwandelt sich der Gegenstand in den Träger einer Bedeutung, die ihm von einem Subjekt aufgeprägt wird.

Welchen Einfluss der Bedeutungswandel auf die Eigenschaften des Gegenstandes ausübt, darüber klären uns zwei weitere Beispiele auf. Ich nehme eine gewölbte Glasschale zur Hand, die als einfacher Gegenstand gelten kann, da sie in keinerlei Beziehung zu einer menschlichen Leistung getreten ist. Nun füge ich die Glasschale in die Außenwand meines Hauses ein und verwandele sie hierdurch in ein Fenster, das das Sonnenlicht hereinlässt, aber durch seine Spiegelung die Blicke der Vorübergehenden abblendet. Ich kann aber auch die Glasschale auf den Tisch stellen und mit Wasser füllen, um sie als Blumenvase zu benutzen.

Die Eigenschaften des Gegenstandes ändern sich dabei nicht. Sobald er aber sich in einen Bedeutungsträger »Fenster« oder »Vase« verwandelt hat, wird eine Unterscheidung der Eigenschaften ihrem Range nach erkennbar. Für das Fenster ist die Durchsichtigkeit die »leitende« Eigenschaft, während die Wölbung eine begleitende Eigenschaft darstellt. Für die Vase ist umgekehrt die Wölbung die leitende und die Durchsichtigkeit die begleitende Eigenschaft.

Wir gewinnen durch dieses Beispiel an Verständnis dafür, warum die Scholastiker die Eigenschaften der Objekte in *essentia* und *accidentia* einteilten. Sie hatten dabei immer nur Bedeutungsträger im Auge, während die Eigenschaften von beziehungslosen Gegenständen keinerlei Abstufung kennen. Erst die engere oder losere Bindung des Bedeutungsträgers an das Subjekt gestattet es, die Eigenschaften in leitende (wesentliche = *essentia*) und begleitende (unwesentliche = *accidentia*) zu trennen.

Als drittes Beispiel diene ein Gegenstand, der aus zwei langen Stangen und mehreren kurzen Stangen besteht, die in gleichmäßigen Abständen die beiden Längsstangen miteinander verbinden. Diesem Gegenstand kann ich den »Kletterton« einer Leiter verleihen, wenn ich die langen Stangen schräg an eine Mauer lehne. Ich kann ihm aber auch den Leistungston eines Zaunes verleihen, wenn ich eine Längsstange horizontal auf dem Erdboden befestige.

Es zeigt sich bald, dass die Entfernung der Querstangen voneinander für den Zaun nur eine nebensächliche Rolle spielt, dass sie aber bei der Leiter in Schrittweite voneinander entfernt sein müssen. Es ist also bei dem Bedeutungsträger »Leiter« bereits ein einfacher räumlicher Bauplan erkennbar, der die Leistung des Kletterns ermöglicht.

In ungenauer Ausdrucksweise bezeichnen wir alle unsere Gebrauchsdinge (obgleich sie samt und sonders menschliche Bedeutungsträger sind) kurzweg als Gegenstände, als wenn sie einfache beziehungslose Objekte wären. Ja, wir behandeln nicht selten ein Haus mit allen in ihm befindlichen Dingen als objektiv existierend, wobei wir die Menschen als Bewohner des Hauses und als Benutzer der Dinge völlig außer Acht lassen.

Wie verkehrt diese Betrachtungsweise ist, zeigt sich sofort, sobald wir an die Stelle des Menschen einen Hund als Bewohner des Hauses einsetzen und seine Beziehungen zu den Dingen ins Auge fassen.

Wir wissen aus den Versuchen von Sarris,[15] dass ein Hund, der es gelernt hat, sich auf das Befehlswort »Stuhl« auf einen Stuhl zu setzen, nach Fortnahme des Stuhles nach einer anderen Sitzgelegenheit Ausschau hält, und zwar nach einer Hundesitzgelegenheit, die keineswegs für den menschlichen Gebrauch geeignet zu sein braucht.

Die Sitzgelegenheiten als Bedeutungsträger für das Sitzen haben alle den gleichen Sitzton, denn sie können beliebig miteinander vertauscht werden, und doch wird der Hund sich ihrer auf das Befehlswort »Stuhl« unterschiedslos bedienen.

Wir werden daher, wenn wir den Hund als Bewohner des Hauses einsetzen, eine Menge mit einem Sitzton versehene Dinge feststellen können. Ebenfalls werden eine Menge Dinge vorhanden sein, die einen Hundefresston oder Hundetrinkton aufweisen. Die Treppe hat sicher eine Art Kletterton. Aber die Mehrzahl der Möbel hat für den Hund nur einen Hinderniston – vor allen Dingen die Türen und Schränke, mögen diese nun Bücher oder Wäsche enthalten.

Der gesamte kleine Hausrat wie Löffel, Gabeln, Streichhölzer und so weiter fällt für den Hund als Unrat völlig fort.

Es wird niemand bezweifeln, dass der Eindruck, den das Haus mit seinen nur hundebezogenen Dingen hinterlässt, ein höchst ungenügender ist und keineswegs seiner wahren Bedeutung entspricht.

Dürfen wir daraus nicht die Lehre ziehen, dass zum Beispiel der Wald, den die Dichter als schönsten Aufenthalt des Menschen preisen, keineswegs in seiner wahren Bedeutung erfasst wird, wenn wir ihn allein auf uns beziehen?

Ehe wir diesen Gedanken weiter verfolgen, sei ein Satz aus dem Umweltkapitel in Sombarts[16] Buch *Vom Menschen* hierher gesetzt: »Es gibt keinen *Wald* als objektiv fest bestimmte Umwelt, sondern es gibt nur einen Förster-, Jäger-, Botaniker-, Spaziergänger-, Naturschwärmer-, Holzleser-, Beerensammler- und einen Märchenwald, in dem Hänsel und Gretel sich verirren.«

Die Bedeutung des Waldes wird vertausendfacht, wenn man seine Beziehungen nicht auf menschliche Subjekte einschränkt, sondern auch die Tiere hinzunimmt.

Doch hat es keinen Zweck, sich an der übergroßen Zahl von Umwelten zu berauschen, die im Walde enthalten sind. Viel lehrreicher ist es, einen typischen Fall herauszugreifen, um in das Beziehungsgewebe der Umwelten einen Blick zu tun.

Betrachten wir zum Beispiel den Stängel einer blühenden Wiesenblume und fragen wir uns, welche Rollen ihm in folgenden vier Umwelten zugewiesen sind: 1. in der Umwelt eines blumenpflückenden Mädchens, das sich einen Strauß bunter Blumen bindet, den es sich zum Schmuck ans Mieder steckt; 2. in der Umwelt einer Ameise, die das regelmäßige Muster der Stängeloberfläche als ideales Pflaster benutzt, um zu ihrem Nahrungsgebiet in den Blumenblättern zu gelangen; 3. in der Umwelt einer Zikadenlarve, die die Saftwege des Stängels erbohrt und ihn als Zapfstelle benutzt, um die flüssigen Wände ihres luftigen Hauses zu erbauen; 4. in der Umwelt einer Kuh, die Stängel und Blume erfasst, um sie in ihr breites Maul zu schieben und als Futter zu verwerten.

Der gleiche Blumenstängel spielt je nach der Umweltbühne, auf die er gerät, bald die Rolle eines Schmuckstückes, bald eines Weges, bald einer Zapfstelle und schließlich eines Nahrungsbrockens.

Dies ist höchst erstaunlich. Der Blumenstängel selbst, als Teil einer lebenden Pflanze, besteht aus planmäßig ineinandergefügten Komponenten, die einen besser durchgebildeten Mechanismus darstellen als alle menschlichen Maschinen.

Die gleichen Komponenten, die im Blumenstängel einem sicheren Bauplan unterworfen sind, werden in die vier Umwelten auseinandergerissen und mit der gleichen Sicherheit völlig anderen Bauplänen eingefügt. Jede Komponente eines organischen oder anorganischen Gegenstandes wird, sobald sie in der Rolle eines Bedeutungsträgers auf der Lebensbühne eines Tiersubjektes auftritt, mit einem, sagen wir, »Komplement« im Körper des Subjektes in Verbindung gebracht, das als Bedeutungsverwerter dient.

Diese Tatsache macht uns auf einen scheinbaren Gegensatz in den Grundzügen der lebenden Natur aufmerksam. Die Planmäßigkeit des Körpergefüges und die Planmäßigkeit des Umweltgefüges stehen einander gegenüber und scheinen sich zu widersprechen.

Darüber darf man sich keinen Illusionen hingeben, dass die Planmäßigkeit des Umweltgefüges etwa von geringerer Geschlossenheit sei als die Planmäßigkeit des Körpergefüges.

Jede Umwelt bildet eine in sich geschlossene Einheit, die in all ihren Teilen durch die Bedeutung für das Subjekt beherrscht wird. Je nach ihrer Bedeutung für das Tier umfasst die Lebensbühne einen weiten oder engen Raum, dessen Orte nach Zahl und Größe völlig von der Unterscheidungskraft der Sinnesorgane des jeweiligen Subjektes abhängig sind. Der Sehraum des Mädchens gleicht dem unseren, der Sehraum der Kuh reicht immer noch über ihre Weidefläche hinweg, während sein Durchmesser in der Umwelt der Ameise einen halben Meter und in der Umwelt der Zikade einige Zentimeter nicht übersteigt.

In jedem Raum ist die Verteilung der Orte eine andere. Das feine Straßenpflaster, das die Ameise beim Beschreiten des Blumenstängels abtastet, ist für die Hände des Mädchens gar nicht vorhanden und erst recht nicht für das Maul der Kuh.

Der strukturelle Aufbau des Blumenstängels und sein Chemismus spielen auf den Lebensbühnen des Mädchens und der Ameise keine Rolle. Dagegen ist die Verdaulichkeit der Halme wesentlich für die Kuh. Aus den fein strukturierten Saftwegen des Stängels zapft die Zikade den ihr zusagenden Saft heraus. Ja, sie vermag, wie Fabre zeigte, aus der giftigen Wolfsmilch einen völlig harmlosen Saft für ihr Schaumhaus zu gewinnen.

Alles und jedes, das in den Bann einer Umwelt gerät, wird umgestimmt und umgeformt, bis es zu einem brauchbaren Bedeutungsträger geworden ist, oder es wird völlig vernachlässigt. Dabei werden die ursprünglichen Komponenten oft roh auseinandergerissen, ohne jede Rücksicht auf den Bauplan, der sie bisher beherrschte.

So verschieden die Bedeutungsträger in den verschiedenen Umwelten ihrem Inhalte nach sind, so völlig gleichen sie sich in ihrer Bauart. Ein Teil ihrer Eigenschaften dient stets dem Subjekt als Merkmalträger, ein anderer als Wirkmalträger.

Die Farbe der Blüte dient als optisches Merkmal in der Umwelt des Mädchens, die geriefelte Oberfläche des Stängels als Tastmerkmal in der Umwelt der Ameise. Die Bohrstelle gibt sich vermutlich als Geruchsmerkmal der Zikade kund. Und in der Umwelt der Kuh liefert der Saft des Stängels das Geschmacksmerkmal. Die Wirkmale werden vom Subjekt meist anderen Eigenschaften des Bedeutungsträgers aufgeprägt. Die dünnste Stelle des Stängels wird beim Abpflücken der Blume vom Mädchen durchgerissen.

Die Riefelung der Stängeloberfläche dient der Ameise neben der Erzeugung des Tastmerkmals ihrer Fühler auch als Wirkmalträger ihrer Füße.

Die durch ihren Geruch kenntlich gemachte geeignete Zapfstelle wird von der Zikade erbohrt, und der hier entquillende Saft dient als Baumaterial ihres Lufthauses.

Das Geschmacksmerkmal des Stängels veranlasst die weidende Kuh, immer mehr Halme in ihr kauendes Maul zu schieben.

Da in jedem Falle das dem Bedeutungsträger erteilte Wirkmal das die Handlung veranlassende Merkmal auslöscht, findet damit jede Handlung, so verschiedenartig sie auch sonst sein mag, ihren Abschluss.

Das Abpflücken der Blume verwandelt diese zum Schmuckstück in der Mädchenwelt. Das Entlanglaufen auf dem Stängel verwandelt den Stängel zum Weg in der Ameisenwelt, und das Einstechen der Zikadenlarve verwandelt den Stängel in eine Quelle ihres Baumaterials. Das Abweiden durch die Kuh verwandelt die Blumenstängel in ein bekömmliches Viehfutter.

So prägt jede Handlung, die aus Merken und Wirken besteht, dem bedeutungslosen Objekt ihre Bedeutung auf und macht es dadurch zum subjektbezogenen Bedeutungsträger in der jeweiligen Umwelt.

Da jede Handlung mit der Erzeugung eines Merkmals beginnt und mit der Prägung eines Wirkmals am gleichen Bedeutungsträger endet, kann man von einem Funktionskreis sprechen, der den Bedeutungsträger mit dem Subjekt verbindet.

Die ihrer Bedeutung nach wichtigsten Funktionskreise, die sich in den meisten Umwelten vorfinden, sind der Kreis des Mediums, der Nahrung, des Feindes und des Geschlechtes.

Dank seiner Einfügung in einen Funktionskreis wird jeder Bedeutungsträger zum Komplement des Tiersubjektes. Dabei spielen einzelne Eigenschaften als Merkmalträger oder Wirkmalträger eine leitende, andere Eigenschaften dagegen nur eine begleitende Rolle. Häufig dient der größte Teil des Körpers eines Bedeutungsträgers als ein undifferenziertes Gegengefüge, das nur dazu da ist, um die merkmaltragenden Teile mit wirkmaltragenden aneinanderzuknüpfen (vgl. Abb. 3, S. 27).

2. Umwelt und Wohnhülle

Sowohl Tiere wie Pflanzen bauen sich in ihrem Körper lebendige Häuser, mit deren Hilfe sie ihr Dasein führen.

Beide Häuser sind durchaus planmäßig gebaut, und doch unterscheiden sie sich in wesentlichen Punkten. Das Wohnhaus des Tieres ist von einem weiteren oder engeren Raum umgeben, in dem sich die Bedeutungsträger des Subjektes tummeln. Doch sind sie alle durch die Funktionskreise mit ihrem zugehörigen Subjekt verbunden.

Das Leitseil jedes Funktionskreises, soweit es im Tierkörper verläuft, ist das Nervensystem, das, beginnend mit den Rezeptoren (Sinnesorganen) über die zentralen Merk- und Wirkorgane bis zu den Effektoren den Erregungsstrom leitet.

Das Haus der Pflanzen entbehrt des Nervensystems, ihm fehlen die Merk- und Wirkorgane. Infolgedessen gibt es für die Pflanze keine Bedeutungsträger, keine Funktionskreise, keine Merkmale und keine Wirkmale.

Das Haus der Tiere ist beweglich und kann seine Rezeptoren mithilfe seiner Muskeln überallhin bewegen.

Das Haus der Pflanzen entbehrt der eigenen Beweglichkeit, weil es weder rezeptorische noch effektorische Organe besitzt, mit denen die Pflanze ihre Umwelt aufbauen und beherrschen könnte.

Die Pflanze besitzt keine besonderen Umweltorgane, sondern ist unmittelbar in ihre Wohnwelt eingetaucht. Die Beziehungen der Pflanze zu ihrer Wohnwelt sind durchaus andere als die der Tiere zu ihrer Umwelt. Nur in einem Punkte stimmen die Baupläne der Tiere und Pflanzen überein. Beide treffen eine genaue Auswahl unter den auf sie eindringenden Wirkungen der Außenwelt.

Nur ein Bruchteil der äußeren Wirkungen wird durch die Sinnesorgane der Tiere aufgenommen und als Reize behandelt. Die Reize werden dann in Nervenerregungen verwandelt, um den zentralen Merkorganen zugeleitet zu werden. In den Merkorganen klingen dann die entsprechenden Merkzeichen an, die, als Merkmale hinausverlegt, zu Eigenschaften der Bedeutungsträger werden.

Die Merkzeichen im Merkorgan induzieren, wie man sich ausdrücken kann, die ihnen entsprechenden Impulse im zentralen Wirkorgan, die zu Quellen für die den Effektoren zufließenden Erregungsströme werden.

Wenn von einer Induktion der Merkzeichen auf die Impulse gesprochen wird, so ist damit keineswegs eine elektrische Induktion zwischen zwei parallel geschalteten Drähten zu verstehen, sondern die Induktion, die in der Abfolge einer Melodie von Ton zu Ton ausgeübt wird.

Auch für die Pflanzen gibt es lebenswichtige Reize, die sich als Bedeutungsfaktoren aus den Wirkungen hervorheben, die von allen Seiten auf die Pflanze eindringen.

Die Pflanze begegnet den äußeren Wirkungen nicht mithilfe von rezeptorischen oder effektorischen Organen, aber dank einer lebenden Zellenschicht ist sie befähigt, aus ihrer Wohnhülle die Reizauswahl zu treffen.

Seit Johannes Müller wissen wir, dass die Vorstellung vom mechanischen Ablauf der Lebensvorgänge falsch ist. Selbst der einfache Reflex des Lidschlages beim Herannahen eines Fremdkörpers an das Auge ist kein bloßer Ablauf einer Kette von physikalischen Ursachen und Wirkungen, sondern ein vereinfachter Funktionskreis, der mit Merken beginnt und mit Wirken endet. Dass in diesem Fall der Funktionskreis nicht bis zum Großhirn dringt, sondern seinen Weg durch niedere Zentren nimmt, ändert an seinem Charakter nichts. Auch der einfachste Reflex ist seinem Wesen nach eine Merk-Wirk-Handlung, selbst wenn der Reflexbogen nur eine Kette von Einzelzellen darstellen sollte.

Wir können diese Behauptung mit völliger Sicherheit aufstellen, seitdem Johannes Müller gezeigt hat, dass jedes lebende Gewebe sich von allen toten Mechanismen dadurch unterscheidet, dass es neben der physikalischen Energie eine »spezifische« Lebensenergie besitzt. Vergleichen wir, um ganz anschaulich zu bleiben, einen lebenden Muskel mit einer Glocke, so zeigt es sich, dass man die Glocke nur dadurch zu ihrer Leistung, dem Läuten, veranlassen kann, dass man sie in bestimmter Weise hin- und herschwingen lässt. Jeder Versuch, die Glocke auf andere Weise zum Läuten zu bringen, misslingt: Weder Erwärmung noch Abkühlung, weder Behandlung mit Säuren oder Alkalien, weder Beeinflussung durch den Magneten noch die Erzeugung von elektrischen Strömen haben irgendwelchen Einfluss auf die Leistung der Glocke – sie bleibt stumm. Hingegen wird ein lebender Muskel, dessen Lebensleistung die Verkürzung ist, durch alle äußeren Einwirkungen, sobald sie geeignet sind, überhaupt zu wirken, zur Verkürzung veranlasst. Die Glocke benimmt sich wie ein totes Objekt, das nur Wirkungen erhält, der lebende Muskel benimmt sich wie ein Subjekt, das alle äußeren Wirkungen in den gleichen Reiz verwandelt, der seine Leistung veranlasst.

Besäßen wir eine Anzahl lebender Glocken, die jede einen anderen Ton hervorbrächte, so könnten wir mit ihnen ein Glockenspiel zusammenstellen, das sowohl mechanisch wie elektrisch wie chemisch betrieben werden könnte, da jede Glocke mit ihrem subjektiven Ich-Ton auf jede Art der Reizung antworten müsste.

Aber nicht darin läge die Bedeutung eines lebendigen Glockenspiels, denn schließlich bliebe dieses auch, wenn es chemisch oder elektrisch betrieben würde, doch ein bloßer Mechanismus, der mit nutzlosen Ich-Tönen versehen wäre.

Ein Glockenspiel, das aus lebenden Glocken bestünde, müsste die Fähigkeit besitzen, nicht bloß auf einen mechanischen Antrieb hin, sondern auch, von einer bloßen Melodie beherrscht, ihr Spiel erklingen zu lassen. Dabei würde jeder Ich-Ton den nächsten entsprechend der von der Melodie festgelegten Tonfolge induzieren.

Genau das hier Geforderte spielt sich in jedem lebenden Körper ab. Gewiss kann man nachweisen, dass in vielen Fällen – besonders bei der Erregungsübertragung vom Nerven auf den Muskel – das lebendige Wechselspiel der Ich-Töne durch eine chemo-mechanische Verknüpfung ersetzt worden ist. Aber dies ist immer erst die Folge einer nachträglich auftretenden Mechanisierung. Ursprünglich setzen sich alle Keime der Lebewesen aus freien Protoplasmazellen zusammen, die allein der melodischen Induktion ihrer Ich-Töne gehorchen.

Den schlagenden Beweis für diese Tatsache hat Arndt[17] in seinem Film geliefert, der die Entstehung eines Schleimpilzes vor unseren Augen ablaufen lässt. Die Keime dieses Pilzes bestehen anfangs aus frei beweglichen Amöben, die sich mit dem Abweiden einer Bakterienflora betätigen, ohne sich umeinander zu kümmern. Dabei vermehren sich die Amöben durch Teilung. Je mehr Nahrung vorhanden ist, umso schneller geht die Vermehrung vonstatten. Das hat zur Folge, dass die Nahrung überall gleichzeitig zur Neige geht.

Und nun erfolgt das Erstaunliche: Alle Amöben grenzen sich in gleichmäßige Bezirke voneinander ab, und innerhalb eines jeden Bezirkes wandern alle Amöben dem gemeinsamen Mittelpunkt zu. Dort angelangt, kriechen sie übereinander in die Höhe, wobei die Ersteingetroffenen sich zu festen Stützzellen umwandeln, die den Nachfolgenden als Leiter dienen. Sobald die endgültige Höhe des haardünnen Stieles erreicht ist, verwandeln sich die zuletzt gekommenen Zellen in den Fruchtkörper, dessen Samenkapseln lebendigen Samen enthalten. Vom Wind werden die Samenkapseln verweht und auf neue Weideplätze übertragen.

Kein Mensch kann in diesem Falle bezweifeln, dass die fein durchgearbeitete Mechanik des Pilzkörpers ein Erzeugnis frei lebender Zellen ist, die allein einer ihre Ich-Töne beherrschenden Melodie Folge leisten.

Die Darlegung Arndts ist auch deshalb so besonders wichtig, weil es sich hierbei um ein Lebewesen handelt, das sich in der ersten Periode seines Daseins als Tier betätigt, in der zweiten Periode aber zur Pflanze wird.

Es ist nicht zu umgehen, dass wir den Pilzamöben eine allen Amöben zukommende, wenn auch beschränkte Umwelt zuschreiben, in der sich die Bakterien als Bedeutungsträger von der Umgebung abheben und dabei bemerkt und bewirkt werden. Der fertige Pilz aber ist eine Pflanze, die keine tierische Umwelt besitzt, sondern nur von einer Wohnhülle umgeben ist, die aus Bedeutungsfaktoren besteht.

Der alles beherrschende Bedeutungsfaktor des erwachsenen Schleimpilzes ist der Wind, dem der Pilz mit erstaunlicher Sicherheit entgegenwächst. Wenn auch nicht so kunstvoll gebaut wie die Pusteblume des Löwenzahnes, sind doch die Samenkapseln des Pilzes eine leicht zu tragende Beute des Windes, die einer weiten Verbreitung sicher ist.

3. Bedeutungsverwertung

Die Wohnwelt eines Tieres, die wir um dieses ausgebreitet sehen, verwandelt sich vom Tiersubjekt betrachtet in dessen Umwelt, in deren Raum sich die verschiedensten Bedeutungsträger umhertummeln. Die Wohnwelt einer Pflanze, die wir um ihren Standort herum abgrenzen können, verwandelt sich vom Subjekt Pflanze aus betrachtet in eine Wohnhülle, die sich aus verschiedenen Bedeutungsfaktoren zusammensetzt, die einem regelmäßigen Wechsel unterworfen sind.

Die Lebensaufgabe von Tier und Pflanze besteht darin, die Bedeutungsträger beziehungsweise Bedeutungsfaktoren gemäß ihrem subjektiven Bauplan zu verwerten.

Es ist uns geläufig, von Nahrungsverwertung zu reden. Nur fassen wir diesen Begriff meist zu eng. Zur Bedeutungsverwertung der Nahrung gehört nicht bloß ihre Zerkleinerung durch die Zähne und ihre chemische Verarbeitung in Magen und Darm, sondern auch das Erkennen der Nahrung durch Auge, Nase und Gaumen.

Denn in der Umwelt der Tiere wird jeder Bedeutungsträger durch Merken und Wirken verwertet. In jedem Funktionskreis wiederholt sich der gleiche Merk-Wirk-Vorgang. Ja, man kann die Funktionskreise als Bedeutungskreise ansprechen, deren Aufgabe in der Verwertung der Bedeutungsträger beschlossen ist.

Von Funktionskreisen ist bei den Pflanzen keine Rede, und doch liegt die Bedeutung ihrer ebenfalls aus lebenden Zellen aufgebauten Organe in der Verwertung der Bedeutungsfaktoren ihrer Wohnhülle. Sie bewältigen diese Aufgabe dank ihrer planmäßigen Form und der bis aufs Feinste durchgeführten Anordnung ihrer Stoffe.

Wenn wir dem Spiel der Wolken im Winde zuschauen, so schreiben wir wohl den wechselnden Formen der Wolken wechselnde Bedeutung zu. Dies ist aber bloß ein Spiel der Fantasie, denn die verschiedenen Formen der Wolken sind lediglich ein Erzeugnis der wechselnden Winde und gehorchen streng dem Gesetz von Ursache und Wirkung.

Ein völlig anderes Bild bietet sich uns dar, wenn wir dem Flug der anmutigen Fallschirme des Löwenzahns im Winde folgen oder die Schraubendrehung des Ahornsamens oder der leichten Lindenfrüchte beobachten.

Hier ist der Wind keineswegs die Ursache der Formbildung wie bei den Wolken, sondern die Formen sind auf den Bedeutungsfaktor Wind eingestellt, den sie zur Verbreitung des Samens in verschiedener Weise verwerten.

Es gibt Leute, die dennoch den Wind als Verursacher der Formen ansprechen wollen, weil er Millionen von Jahren auf das Objekt Pflanze eingewirkt habe. Nun hat der Wind noch viel längere Zeit auf die Wolken eingewirkt, ohne dass dabei irgendeine bleibende Form von ihm gestaltet wurde.

Die bedeutungsvolle Form, die von Dauer ist, ist immer das Erzeugnis eines Subjektes und niemals eines noch so lange planlos bearbeiteten Objektes.

Was vom Winde galt, gilt auch von den übrigen Bedeutungsfaktoren der Pflanzen. Der Regen wird durch die Träufelrinnen der Laubblätter aufgefangen und den feinen Wurzelspitzen unter der Erde zugeleitet. Das Sonnenlicht wird von den Chlorophyll tragenden Pflanzenzellen festgehalten und zur Durchführung eines verwickelten chemischen Prozesses verwendet. Das Chlorophyll wird ebenso wenig von der Sonne erbaut wie die Träufelrinne durch den Regen.

Alle Organe der Pflanzen wie der Tiere verdanken ihre Form und ihre Stoffverteilung ihrer Bedeutung als Verwerter der ihnen von außen zugetragenen Bedeutungsfaktoren.

Der Frage nach der Bedeutung gebührt daher bei allen Lebewesen der erste Rang. Erst wenn sie gelöst ist, hat es einen Sinn, nach den kausalbedingten Vorgängen zu forschen, die immer äußerst begrenzt sind, da die Tätigkeit der lebenden Zellen durch ihre Ichtöne geleitet wird.

Man kann von einer Wachstumsmelodie oder einem Wachstumsbefehl sprechen, der die Ichtöne der Keimzellen beherrscht. Dieser Wachstumsbefehl ist, wie wir aus dem arndtschen Film ersehen, in erster Linie ein Formbildungsbefehl, der die Bezirke gliedert, dann in jedem Bezirk einen technischen Mittelpunkt schafft, dem alle Zellen zustreben. Was aus den einzelnen Zellen wird, hängt lediglich vom Platz ab, den sie in der sich bildenden Form einnehmen.

Die ursprüngliche Gleichwertigkeit der einzelnen Keimzellen, die durch den arndtschen Film handgreiflich bewiesen wird, hatte bereits Driesch[18] aus seinen berühmten Versuchen an Seeigelkeimen erschlossen.

Die Keimzellen der meisten Tiere bilden erst eine Maulbeerform, dann eine Hohlkugel, die sich an einem Pol einstülpt und zugleich dreischichtig wird. So entsteht die Gastrula, die mit ihren drei Keimblättern die Ursprungsform der meisten Tiere bildet. Mit dieser einfachen Tonfolge beginnt jedes höhere tierische Leben.

Es gibt Tiere wie die Süßwasserpolypen, die ihr einfaches Leben mit der einfachen Gastrulaform bestreiten. Wie beim Schleimpilz gewinnt man bei ihnen den Eindruck, als genüge die Ausführung des Formbildungsbefehls, um ihre Bedeutungsbeziehungen festzulegen.

Wir hatten bisher keinen Anlass, neben dem Formbildungsbefehl noch auf einen Bedeutungsbefehl zu schließen.

Durch die Versuche Spemanns[19] und seiner Schüler sind wir eines Besseren belehrt worden. Diese Versuche sind nach der von Spemann entwickelten Pfropfmethode ausgeführt worden, die darin besteht, dass man einem Keimling im ersten Gastrulastadium ein Stückchen Körperwand entnimmt und ihm stattdessen ein gleichgroßes Stück Körperwand eines anderen Keimlings einpflanzt.

Dabei zeigt es sich, dass der neue Pfropf sich nicht herkunftsgemäß, sondern ortsgemäß entwickelt. So wird das Gewebe des Implantats, das in die Hirngegend versetzt wurde, obgleich es normalerweise zu Epidermis geworden wäre, jetzt zum Gehirn und umgekehrt.

Der Formbildungsbefehl richtet sich nach den Direktiven eines Grundrisses, der bereits im Gastrulastadium erkennbar ist. In diesem Stadium ist es möglich, Gewebsstücke von Keimlingen fremder Rasse zu verpflanzen. Dieser merkwürdige Versuch gelingt auch, wenn man die Gewebsstücke von Keimlingen einer anderen Art zur Vertauschung bringt.

Hier interessieren uns speziell die Pfropfungen in die Mundgegend von Kaulquappen und Tritonlarven.

Spemann schreibt darüber: »Die Tritonlarve hat bekanntlich im Munde echte Zähnchen von gleicher Entstehung und gleichem Bau wie die Zähne aller Wirbeltiere, der Mund der Kaulquappe hingegen ist mit Hornkiefern und Hornstiftchen besetzt, welche ganz anders entstehen und gebaut sind als echte Zähne.«

Nun wurde eine Pfropfung von Kaulquappengewebe in die Mundgegend einer Tritonlarve vorgenommen.

»In einem Fall«, berichtete Spemann weiter, »wo das Implantat die ganze Maulgegend bedeckte, war genau am richtigen Ort ein typisches Kaulquappenmaul mit Hornkiefern und umgebenden Hornstiften entstanden. In einem anderen vielleicht noch interessanteren Fall war die Hälfte des Mundes vom Implantat frei geblieben und hatte sich zu einem Tritonmaul mit echten Zähnchen entwickelt.«

Daraus folgert Spemann: »Im Allgemeinen können wir über den induzierenden Reiz jetzt schon mit Sicherheit sagen, dass er in Hinsicht dessen, was entsteht, ganz spezieller Natur sein muss, ganz allgemeiner Natur jedoch in Hinsicht, wie es entsteht. So eben, als lautete bildlich gesprochen das Stichwort ganz allgemein Mundbewaffnung, und diese wurde dann vom Ektoderm in der im Erbschatz seiner Art vorgesehenen Ausführung geliefert.«

Gewiss gäbe es im Theater eine große Überraschung, wenn bei einer Aufführung des Wilhelm Tell in der großen Küssnachtszene der Darsteller des Tell durch den Hamletdarsteller vertreten wäre und dieser auf das Stichwort »Monolog« nicht mit den Worten begänne: »Hier vollend' ich's, die Gelegenheit ist günstig«, sondern mit den Worten: »Sein oder Nichtsein, das ist hier die Frage.«

Ebenso muss es für einen Fleischfresser, der darauf angewiesen ist, seine scharfen Zähne in seine zappelnde Beute zu schlagen, eine große Überraschung sein, wenn er ein Vegetariermaul besitzt mit hornartigem

Gaumen, nur geeignet, weiche Pflanzenteile abzuschälen.

Wie ist eine solche Vertauschung möglich? Vergessen wir nicht, dass das implantierte Zellgewebe ein lebendes Glockenspiel darstellt, dessen Ichtöne von vornherein auf die Melodie »Vegetariermaul« eingestellt wurden, als sie den Bedeutungsbefehl »Maul« erhielten.

Wir sehen daraus, *dass Bedeutungsbefehl und Formbildungsbefehl nicht identisch sind.*

In der normalen Entwicklung gliedert sich das ursprünglich gleichartige Zellmaterial in Knospen, die entsprechend dem Urgrundriss ihre Bedeutungsbefehle erhalten – denn aus Bedeutungsverwertern setzt sich der Organismus zusammen. Dann erst beginnt die spezielle Knospenmelodie anzuklingen und baut die Form der Bedeutungsverwerter auf.

Tauscht man die Knospen verschiedener Tierarten aus, so erhält jede Knospe an ihrem neuen Platz einen dem Platz im Grundriss entsprechenden Bedeutungsbefehl: »Werde Maul, Auge, Ohr und so weiter.«

Die verpflanzte Knospe folgt dem Bedeutungsbefehl des Wirtes, auch wenn sie im mütterlichen Körper an einer anderen Stelle gesessen und demgemäß einen anderen Bedeutungsbefehl erhalten hätte. Dann aber folgt sie der mütterlichen Formbildungsmelodie. Sie wird zwar Maul, aber nicht Tritonmaul, sondern Kaulquappenmaul.

Das Endresultat ist eine Missbildung, denn ein Fleischfresser mit einem Vegetariermaul ist ein Unding.

Wir stehen dieser Missbildung, die durch die Unstimmigkeit des allgemeinen Bedeutungsbefehles und des speziellen Formbildungsbefehles entsteht, deshalb so fassungslos gegenüber, weil uns aus unserem täglichen Leben eine solche Unstimmigkeit unbekannt ist. Niemandem wird es einfallen, in einer Schreinerwerkstätte ganz allgemein eine »Sitzgelegenheit« zu bestellen, weil er dabei Gefahr liefe, für seinen Salon einen Melkschemel oder für seinen Kuhstall einen Lehnsessel zu erhalten.

Hier aber sind wir Zeuge eines Naturgeschehens, bei dem einem heterogenen Zellgewebe, dessen Bedeutung noch nicht festgelegt ist, der ganz allgemeine Befehl »Fressgelegenheit« erteilt wird, und wie daraufhin eine völlig unpassende Fressgelegenheit entsteht.

Dass in vielen Fällen der Bedeutungsbefehl nicht mit dem Formbefehl übereinstimmt, wird jeder zugeben, der sich zum Beispiel darüber Gedanken gemacht hat, warum die Plattfische wie Rochen und Schollen, deren Lebensbedingungen analog sind, nach völlig anderen Prinzipien erbaut werden. Das Ziel ist gleich, aber der Weg verschieden. Die Rochen sind vom Rücken zur Bauchseite zusammengedrückt. Dabei bleiben die Augen auf der oberen Seite. Die Schollen sind seitlich zusammengedrückt und infolgedessen übernimmt die eine Seite die Funktion der Rückenseite. Dabei musste das eine Auge auf die Unterseite kommen, wo es nichts zu sehen gibt. Es wandert aber durch den Kopf hindurch und gelangt dadurch ebenfalls auf die Oberseite.

Die Formprinzipien, die angewandt werden, um verschiedenen Tieren das Emporsteigen an einer glatten Wand zu ermöglichen, sind höchst abwechslungsreich, obgleich sie alle zum gleichen Ziel führen: den Bedeutungsträger - glatte Wand - als Weg zu verwerten.

Die Stubenfliegen haben an ihren Fußsohlen anliegende Säume, die beim Gehen durch das Gewicht des Körpers aufgerichtet werden und luftleere Kammern bilden, die die Fliege an die Fensterscheibe heften.

Die Spannerraupen bewegen sich wie die Blutegel mithilfe zweier Saugnäpfe. Die Schnecken kleben sich einfach vorwärts, einerlei wie die Unterlage geneigt ist. Überall ist die Aufgabe die gleiche, die Ausführung aber eine gänzlich verschiedene.

Das schlagendste Beispiel dafür liefern die Giftzangen der kurzstacheligen Seeigel, die alle die gleiche Aufgabe haben, nämlich den Bedeutungsträger Feind, sei es ein Seestern oder eine Säureschnecke, durch ihren Giftstachel zu verjagen.

Bei ihnen allen ist der Feind dadurch charakterisiert, dass er erst bei seiner Annäherung einen chemischen Reiz und dann bei der Berührung einen mechanischen Reiz aussendet. Auf den chemischen Reiz hin öffnen sich die Giftzangen aller Seeigelarten. Bei der Berührung schließen sie sich und lassen ihr Gift austreten.

Alle Seeigelarten bis auf eine einzige lösen diese Aufgabe mittels eines Reflexes, indem sie beim Öffnen einen Tasthügel dem Feind entgegenstrecken. Auf die Berührung des Tasthügels durch den Feind erfolgt reflektorisch das Zuschnappen.

Nur eine einzige Seeigelart verfährt anders. Beim Öffnen schlagen die drei Zinken der Zange so weit zurück, dass sie wie eine Armbrust gespannt werden. Sie bedürfen daher keines Reflexes, um beim geringsten Druck zuzuschnappen.

Beide Methoden führen zum gleichen Ziel: In beiden Fällen wird der Bedeutungsträger Feind durch das bedeutungsverwertende Organ angefallen und vergiftet.

Der Bedeutungsbefehl ist immer der gleiche, aber der Formbildungsbefehl ist ein gänzlich anderer.

Die schöne Entdeckung Spemanns findet ihre Bestätigung in allen Fällen, wo von den Tieren ähnliche Handlungen mit verschiedenen Hilfsmitteln ausgeführt werden.

Die spemannsche Entdeckung kann ferner dazu dienen, den prinzipiellen Unterschied im Aufbau eines Mechanismus und eines Lebewesens unserem Verständnis näherzubringen. Der Mechanismus jeder beliebigen Maschine, zum Beispiel unserer Taschenuhr, wird immer *zentripetal* aufgebaut, das heißt, die einzelnen Teile der Uhr, wie Zeiger, Feder und Räder, müssen immer erst fertiggestellt werden, um dann einem gemeinsamen Mittelstück angesetzt zu werden.

Im Gegensatz dazu geht der Aufbau eines Tieres, zum Beispiel eines Triton, immer *zentrifugal* von einem Keim aus, der sich erst zur Gastrula umformt und dann immer neue Organknospen ansetzt.

In beiden Fällen liegt der Umbildung ein Plan zugrunde, von denen wie gesagt der Uhrplan ein zentripetales Geschehen, der Tritonplan ein zentrifugales Geschehen beherrscht. Wie es scheint, werden die Teile nach gänzlich entgegengesetzten Prinzipien ineinandergefügt.

Nun besteht aber, wie wir alle wissen, aber nur allzu leicht vergessen, jedes Lebewesen im Gegensatz zu allen Mechanismen nicht aus Teilen, sondern aus Organen. Ein Organ ist immer ein Gebilde, das aus lebenden Zellen besteht, die alle ihren »Ichton« besitzen. Das Organ als Ganzes hat seinen Organton, der sein Bedeutungston ist. Dieser Organton ist es, wie wir aus den spemannschen Ausführungen schließen dürfen, der die Ichtöne der Organzellen beherrscht – ähnlich dem Bedeutungsplan des arndtschen Schleimpilzes, der die Amöben zwingt, den Pilzkörper zu bilden. Der Bedeutungston setzt schlagartig ein und löst den Formbildungsbefehl in den Ichtönen der bisher gleichartigen Zellelemente aus, die sich nun in verschiedene aufeinander abgestimmte Töne sondern und die Formbildung entsprechend einer von vornherein feststehenden Melodie ablaufen lassen.

Aus Spemanns Versuch ersehen wir, dass die Organe der Lebewesen im Gegensatz zu den Maschinenteilen einen ureigenen Bedeutungston besitzen und daher gar nicht anders als zentrifugal sich ausbilden können. Es müssen die drei Stufen der Keimbildung erst vorangegangen sein, ehe die Knospenbildung beginnt, und jede Knospe muss zuerst ihren Organton erhalten haben, ehe ihre Zellen sich gliedern und umgestalten.

Aus den Organtönen setzt sich schließlich der Lebenston des ganzen Tieres zusammen. Das lebende Tier ist eben mehr als sein körperlicher Mechanismus, den die Organzellen entsprechend dem Formbildungsbefehl aufgebaut haben.

Wenn der Lebenston erlischt, ist das Tier tot. Es mag der körperliche Mechanismus, dank einiger überlebender Organe, noch eine Zeit lang weiterfunktionieren.

Selbstverständlich bedarf die gesamte auf die Bedeutung aufgebaute Naturauffassung einer eingehenden Erforschung. Denn noch wissen wir mit dem Gehirn, das einen »Denkton« besitzen muss, nicht viel anzufangen. Aber die Bedeutung schlägt auch hier die Brücke zwischen körperlichen und unkörperlichen Vorgängen, wie sie es zwischen Partitur und Melodie getan hat.

4. Die Deutung des Spinnennetzes

Wenn ich mir einen neuen Anzug bestellen will, gehe ich zum Schneider. Dieser nimmt dann Maß, wobei er die wichtigsten Strecken meines Körpers in Zentimetern festlegt. Wenn das geschehen ist, überträgt er die Maße auf ein Papier, oder wenn er seiner Sache ganz sicher ist, direkt auf das Tuch, das er nun entsprechend den aufgetragenen Zahlen zuschneidet. Dann näht er die aus dem Tuch herausgeschnittenen Stücke zusammen. Er nimmt dann die erste Anprobe vor und liefert schließlich den Anzug ab, der ein mehr oder minder gelungenes Porträt meiner Körperformen darstellt.

Ich wäre sehr erstaunt, wenn ein Schneider mir ohne Maßnehmen und Anprobe einen passenden Anzug anfertigen würde. Immerhin könnte ich annehmen, dass er an seinem eigenen Leibe die richtigen Maße gewonnen hätte, da sich alle menschlichen Körper in der Hauptsache ähnlich sehen.

Daher gelingt es auch, fertig hergestellte Anzüge zu tragen, die die normalen menschlichen Proportionen in verschiedener Größe wiedergeben. So stellt jede Schneiderwerkstatt eine Galerie von Hohlformen des menschlichen Körpers dar.

Alle diese Vorbedingungen treffen bei der Spinne nicht zu – und doch gelingt es ihr, in ihrem Netz eine wohlgelungene Hohlform einer Fliege darzustellen. Diese Hohlform benutzt sie nicht im Interesse der Fliege, sondern um sie zu vernichten. Das Spinnennetz stellt einen Bedeutungsverwerter des Bedeutungsträgers Beute in der Umwelt der Spinne dar.

Dieser Bedeutungsverwerter ist so genau auf den Bedeutungsträger abgestimmt, dass man das Spinnennetz als getreues Abbild der Fliege bezeichnen kann.

Der Spinnenschneider, der dieses getreue Abbild der Fliege schafft, ist aller Hilfsmittel des menschlichen Schneiders bar. Er kann nicht Maß am eigenen Körper nehmen, der ganz andere Formen besitzt als der Fliegenkörper. Trotzdem bestimmt er die Größe der Maschen nach der Körpergröße der Fliege. Er bemisst die Widerstandskraft der von ihm gesponnenen Fäden nach der lebendigen Kraft des im Flug befindlichen Fliegenkörpers. Er spannt die Radialfäden des Netzes fester als Zirkularfäden, damit die Fliege von den nachgiebigen Zirkularfäden beim Anprall umschlossen werde und sich an deren klebrigen Tröpfchen mit Sicherheit verfangen muss. Die Radialfäden sind nicht klebrig und dienen der Spinne als kürzeste Wege zur gefangenen Beute, die dann umsponnen und wehrlos gemacht wird.

Die Spinnennetze finden sich meist an solchen Orten, die man als Fliegenwechsel bezeichnen kann.

Das Wunderbarste aber ist die Tatsache, dass die Fäden des Netzes so fein gesponnen sind, dass ein Fliegenauge mit seinen groben Sehelementen das Netz nicht erblicken kann und die Fliege ungewarnt in ihr Verderben fliegt. Genau, wie wir völlig ungewarnt das Wasser trinken, in dem sich die für unser Auge unsichtbaren Cholerabazillen befinden.

Es ist schon ein raffiniertes Gemälde, das die Spinne in ihrem Netz von der Fliege entwirft.

Aber halt! Das tut sie ja gar nicht. Sie webt ihr Netz, bevor ihr je eine körperliche Fliege begegnet ist. Es kann daher das Netz gar nicht das Abbild einer körperlichen Fliege sein, sondern es stellt einen Ausschnitt des *Urbildes* der Fliege dar, das körperlich gar nicht vorhanden ist.

Halloh!, höre ich die Mechanisten rufen: Hier entlarvt sich die Umweltlehre als Metaphysik. Denn wer die wirksamen Faktoren jenseits der körperlichen Welt sucht, ist ein Metaphysiker.

Nun gut. Dann ist aber nächst der Theologie die heutige Physik die reinste Metaphysik.

Ganz unumwunden erklärt Eddington,[20] er besitze zwei Schreibtische, einen, den er gewöhnlich gebraucht und der sich in seiner Sinnenwelt befindet. Außerdem besitzt er einen *physikalischen* Schreibtisch, dessen Substanz nur den billionsten Teil des sinnlichen Schreibtisches ausmacht, weil er gar nicht aus Holz besteht, sondern aus einer unermesslich großen Anzahl kleinster Elemente, von denen man nicht sicher sei, ob sie Körper oder Bewegungen darstellten, und die sich in unvorstellbarer Geschwindigkeit umeinanderdrehen. Diese Elementarteilchen sind noch kein Stoff, aber ihre Wirkungen täuschen in der Sinnenwelt die Existenz von Stoffen vor. Sie treiben ihr Unwesen in einer vierdimensionalen Raumzeitgröße, die eine Krümmung besitzen soll und zugleich unendlich und begrenzt ist.

Eine so weitgehende Metaphysik beansprucht die Biologie gar nicht. Sie will nur auf Faktoren hinweisen, die diesseits der sinnlich gegebenen Erscheinbarkeit im Subjekt vorhanden sind und die dazu dienen sollen, die Zusammenhänge der Sinnenwelt deutlich zu machen. Sie denkt aber gar nicht daran, die Sinnenwelt auf den Kopf zu stellen, wie die neue Physik es anstrebt.

Die Biologie geht von der Tatsache der planmäßigen Keimbildung aus, die bei allen vielzelligen Tieren mit den drei Takten einer einfachen Melodie beginnt: Morula, Blastula, Gastrula. Nun setzt, wie wir wissen, die Knospenbildung der Organe ein, die für jede Tierart von vornherein festgelegt ist.

Das beweist uns, dass die Formbildungsfolge eine zwar nicht sinnlich erkennbare, aber eine die Sinnenwelt bestimmende Partitur besitzt. Diese Partitur beherrscht auch die räumliche und zeitliche Ausdehnung ihres Zellmaterials, wie sie seine Eigenschaften beherrscht.

Es gibt daher sowohl eine Urpartitur für die Fliege, wie es eine Urpartitur für die Spinne gibt. Und nun behaupte ich, dass die Urpartitur der Fliege (die man auch als ihr Urbild bezeichnen kann) auf die Urpartitur der Spinne derart einwirkt, dass das von dieser gesponnene Netz »fliegenhaft« genannt werden kann.

Verdeckt vom Vorhang der Erscheinungen vollzieht sich die Verbindung der verschiedenen Urbilder oder Urmelodien nach einem umfassenden *Bedeutungsplan.*

Im Einzelfall genügt es, die zu den Bedeutungsträgern gehörigen Bedeutungsverwerter aufzusuchen, um einen Einblick in das Umweltgewebe zu gewinnen.

Die Bedeutung ist der Leitstern, nach dem sich die Biologie zu richten hat, und nicht die armselige Kausalitätsregel, die nicht weiter als einen Schritt vorwärts oder rückwärts zu sehen vermag, der aber die großen Zusammenhänge gänzlich verborgen bleiben.

Wer die Naturforscher auffordert, einem neuen Leitplan zu folgen, ist nicht bloß gehalten, sie davon zu überzeugen, dass der neue Plan neue Wege eröffnet, die unsere Erkenntnis weiterführen als die bisherigen Wege. Er muss auch auf bisher ungelöste Probleme hinweisen können, die einzig und allein mithilfe des neuen Leitplanes gelöst werden können.

Auf ein solches Problem hat uns der große Meister der Insektenbiologie Jules Fabre hingewiesen. Das Weibchen des Erbsenkäfers legt seine Eier auf die Schoten der jungen Erbse ab. Die ausschlüpfenden Larven durchbohren die Schote und dringen in die noch weichen Erbsen ein. Die Larve, die sich am nächsten dem Erbsenmittelpunkt eingenistet hat, wächst am schnellsten heran. Die mit ihr eingedrungenen andern Larven geben bald das Rennen auf, nehmen keine Nahrung mehr auf und sterben. Die allein übrig gebliebene Larve höhlt erst die Mitte der Erbse aus, dann aber bohrt sie sich einen Gang an die Oberfläche der Erbse und ritzt am Ausgang des Ganges die Haut der Erbse ringsum auf, sodass eine Tür entsteht. Darauf zieht sich die Larve wieder in ihre Nahrungshöhle zurück und wächst weiter, bis die Erbse, nachdem sie ihre definitive Größe erreicht hat, verhärtet. Diese Verhärtung müsste für den jungen Käfer, der aus der Larve entstanden ist, verderblich werden, denn die hart gewordene Erbse bildet zwar eine Schutzhülle um ihn, andererseits aber wird sie sein Sarg, den der Käfer nicht verlassen könnte, wenn nicht die Larve für Tunnel und Tür gesorgt hätte.

In diesem Fall kann gar keine von den Ahnen überkommene Erfahrung, die auf Versuch und Irrtum beruht, mitspielen. Jeder Versuch, aus der hart gewordenen Erbse herauszukommen, würde sich als Irrtum erweisen. Nein, die Anlage von Tunnel und Tür muss im Formbildungsplan jeder heranwachsenden Erbsenkäferlarve von vornherein vorhanden sein. Es muss also eine Bedeutungsübertragung des Urbildes der Erbse auf das Urbild des Erbsenkäfers stattgefunden haben, die den Käfer und die Erbse in Einklang brachte.

Der für den Käfer lebensnotwendige Ausbau des Tunnels und der Tür durch seine Larve wird in manchen Fällen sein Verderben. Denn es gibt eine kleine Schlupfwespe, die mit tödlicher Sicherheit mit ihrem feinen Legestachel Tür und Kanal trifft, um ihr Ei in die wehrlose Larve des Erbsenkäfers zu versenken. Aus diesem Ei schlüpft eine kleine Wespenlarve, die ihren fetten Wirt von innen heraus auffrisst, sich dann in eine Schlupfwespe wandelt und auf dem von ihrer Beute ausgearbeiteten Weg ins Freie gelangt.

Hier kann man von einem Trio von Bedeutungsverknüpfungen dieser Urpartituren sprechen.

5. Formbildungsregel und Bedeutungsregel

Es wird nicht leicht sein, die eben entwickelten metaphysischen Vorstellungen den heutigen Biologen mundgerecht zu machen.

Den größten Einfluss auf die neuere Biologie hat die Tropismenlehre[21] Jacques Loebs[22] ausgeübt.

Loeb war ein eingefleischter Physiker, der allein die Wechselwirkung zwischen Objekten anerkannte, aber von einem Einfluss der Subjekte auf das Naturgeschehen nichts wusste. Es gab nach ihm nur eine Wirkwelt, in der sich die gesamten physikalischen und chemischen Vorgänge abspielten. Ein Objekt wirkt auf das andere wie der Hammer auf den Amboss oder der Funke auf das Pulverfass. Entsprechend der zugeführten aktuellen Energie des wirkenden Objektes und der im bewirkten Objekt aufgespeicherten potenziellen Energie erfolgt die Gegenwirkung.

Bei den Pflanzen erfolgt die Gegenwirkung entsprechend der Form und der Anordnung der Stoffe in den Organen. Wir brauchen bloß an die Träufelrinnen der Laubblätter und an die Stärkekörner im Samen des Weizens zu denken, die man auch unter den Begriff potenzielle Energie bringen kann. Freilich lässt man dabei die Gesamtgestalt der Pflanzen außer Acht, die ihren Aufbau der planmäßigen Wirkung der Impulse lebender Zellensubjekte verdankt.

Sicher gibt es aber bei den Pflanzen keine Sinnesorgane und keine Nerven – sodass sich ihr ganzes Dasein in einer Wirkwelt abzuspielen scheint.

Loebs Lehre bestand nun darin, dass sie auch bei den Tieren nur die Wirkwelt anerkannte, die Merkwelt aber völlig außer Acht ließ. Dies geschah durch einen ganz einfachen Trick.

Welch verwickelte Handlung ein Tier auch vollbringen mag, immer wird es zum Schluss sich dem bewirkenden Objekt nähern oder sich von ihm entfernen. Diese einfache räumliche Komponente jeder Handlung erklärte Loeb für die Handlung selbst und teilte dementsprechend alle Handlungen in zuwendende oder abwendende ein.

Anstelle der Handlungen traten die Tropismen. Dadurch verwandelte er alle lebenden Tiersubjekte in tote Maschinen, die sich ja auch räumlich auseinandersetzen müssen. Selbst der einfache Magnet, der das Eisen anzieht, benimmt sich positiv ferrotrop und die Magnetnadel positiv respektive negativ polotrop.

Diese Lehre wurde ausschlaggebend für die gesamte Weltbetrachtung einer ganzen Generation von Biologen.

Wenn wir vor einer blumenübersäten, bienendurchsummten Wiese stehen, über die Schmetterlinge gaukeln, Libellen dahinschwirren, über deren Grashalme Heuhüpfer ihre großen Sprünge machen, wo Mäuse dahinhuschen und Schnecken langsam daherkriechen – dann werden wir uns unwillkürlich die Frage stellen: Bietet die Wiese den Augen so verschiedener Tiere den gleichen Anblick dar wie unserem Auge?

Darauf wird der naive Mensch ohne Weiteres antworten: »Gewiss – es ist doch immer die gleiche Wiese, die von allen angeschaut wird.«

Ganz anders lautet die Antwort des überzeugten Anhängers Loebs.

Da alle Tiere bloße Mechanismen sind, die durch physikalische oder chemische Wirkungen hin- und hergelenkt werden, besteht die Wiese aus einem Gewirr von Ätherwellen und Luftschwingungen, von chemischen fein verteilten Stoffwolken und mechanischen Berührungen, die von Gegenstand auf Gegenstand wirken.

Gegen beide Auffassungen der Wiese wendet sich die Umweltlehre, denn weder sieht – um nur ein Beispiel hervorzuheben – die honigsammelnde Biene die Wiese mit menschlichen Augen, noch ist sie fühllos wie eine Maschine.

Farben sind sinnlich gewordene Ätherwellen, das heißt, sie sind nicht elektrische Erregungen der Zellen unseres Großhirnes, sondern sind die Ichtöne dieser Zellen selbst.

Den Beweis hierfür liefert die Sinnesphysiologie. Seit Goethe und Hering[23] wissen wir, dass die Farben ihren eigenen Gesetzen folgen, die durchaus andere sind als die physikalischen Gesetze der Ätherwellen.

Die Ätherwellen, die durch ein Prisma gezwungen werden, sich entsprechend ihrer Länge zu ordnen, bilden dabei eine Art Leiter mit abnehmender Länge ihrer Sprossen. Die kürzesten Sprossen befinden sich an dem einen Ende der Leiter, die längsten am entgegengesetzten Ende.

Aus dieser Leiter schneidet sich unser Auge eine kurze Strecke heraus, die unsere Großhirnzellen in ein Band verwandeln, das aus Farbempfindungen besteht, die wir hinausverlegen. In diesem Bande folgen die reinen Farben: Rot-Gelb-Grün-Blau aufeinander mit den zwischen ihnen gelegenen Mischfarben.

Im Gegensatz zur linear gebauten Ätherwellenskala bildet das Farbenband einen in sich geschlossenen Kreis, denn die Mischfarbe zwischen Rot und Blau, nämlich das Violett, verbindet das eine Ende des Farbenbandes mit dem anderen Ende.

Auch sonst zeigt das Farbenband merkwürdige Gesetzmäßigkeiten, die der Ätherwellenleiter fehlen. So mischen sich die sich im Farbenkreis gegenüberliegenden Farben nicht, sondern erzeugen Weiß.

Diese Gegenfarben rufen sich gegenseitig hervor, wie das bei entgegengesetzten Empfindungen nicht selten ist, was aber aller mechanischen Erfahrungen spottet. Es handelt sich, wie gesagt, bei den Farben nicht um körperliche Wirkungen der lebenden Großhirnzellen aufeinander, sondern um Empfindungsbeziehungen ihrer Ichtöne, die aber ebenfalls gesetzmäßig festgelegt sind.

Wie die Farben die spezifischen Energien (Ichtöne) jener Großhirnzellen sind, die unter dem Einfluss des Auges stehen, das die Ätherwellen sortiert und in Nervenerregung verwandelt dem Großhirn zusendet, so sind die Töne die spezifischen Energien jener Gehirnzellen, die unter dem Einfluss des Ohres stehen, das gewisse Luftschwingungen aufnimmt.

Die Gesetze der Töne sind in der Musiktheorie niedergelegt. Konsonanzen, Dissonanzen, Oktaven, Quarten, Quinten und so fort verdanken ihre Existenz der Tonempfindung und entbehren der Körperlichkeit. Man versuche es einmal, die Tonfolge einer Melodie auf das Kausalitätsgesetz zurückzuführen, das für alle körperlichen Vorgänge gültig ist.

Unsere Sinnesorgane Auge, Ohr, Nase, Gaumen und Haut sind nach dem Prinzip einer Schwedischen Zündholzschachtel gebaut, deren

Zündhölzer nur auf ausgewählte Wirkungen der Außenwelt antworten. Diese erzeugen Erregungswellen in den Nerven, welche zum Großhirn geleitet werden. Soweit verläuft alles mechanisch nach dem Gesetz von Ursache und Wirkung. Aber hier liegt die innere Front der Sinnesorgane in Form eines lebenden Glockenspiels, dessen einzelne Zellglocken in verschiedenen Ichtönen anklingen.

Inwieweit gilt diese Bauart der Sinnesorgane auch für die Tiere? An der Analogie des mechanischen Teiles der Sinnesorgane bei den Tieren zweifelt niemand. Sie werden deshalb als Rezeptionsorgane bezeichnet. Wie steht es aber mit der inneren Front?

Obgleich wir die Sinnesempfindungen unserer Mitmenschen nicht kennen, zweifeln wir doch nicht daran, dass sie durch Vermittlung ihres Auges Sehzeichen erhalten, die wir Farben nennen, ebenso wenig zweifeln wir daran, dass sie durch Vermittlung ihres Ohres Hörzeichen empfangen, die wir Töne nennen. Desgleichen schreiben wir ihren Nasen die Fähigkeit zu, Riechzeichen, ihren Gaumen Geschmackszeichen und ihrer Haut Tastzeichen zu erwecken, die samt und sonders aus Ichtönen bestehen.

Wir fassen alle die qualitativ verschiedenen Sinneszeichen unter dem Namen »Merkzeichen« zusammen, die hinausverlegt zu Merkmalen der Dinge werden.

Nun fragen wir uns: Treten auch bei den Tieren bei Reizung ihrer Rezeptionsorgane, den spezifischen Sinnesenergien ihrer zentralen Hirnzellen entsprechende Merkzeichen auf, die sie ebenfalls hinausverlegen und als Merkmal zum Aufbau der Eigenschaft aller Dinge ihrer Lebensbühne benutzen?

Die reinen Mechanisten leugnen dies und behaupten, die Rezeptionsorgane der Tiere besäßen gar keine innere Front, sondern dienten nur dazu, die verschiedenen Reize der Außenwelt entsprechend ihrer Eigenart zusammenzufassen und mit entsprechenden Teilen des Gehirnes in Verbindung zu setzen.

Sind die Sinnesorgane der Ausdruck verschiedener Sinneskreise, oder sind sie als Rezeptionsorgane bloß der Ausdruck verschiedener physikalisch-chemischer Wirkungsarten der Außenwelt? Ist das Auge von den Ätherwellen oder von den Farben erbaut worden? Ist das Ohr von Luftschwingungen erbaut oder von den Tönen? Ist die Nase ein Erzeugnis der mit Gasen beziehentlich mit Duftkörperchen gesättigten Luft oder ein Erzeugnis der Riechzeichen des Tiersubjektes? Verdankt das Geschmacksorgan seine Entstehung der in Wasser gelösten chemischen Stoffe oder den Geschmackszeichen des Subjektes?

Sind die Rezeptionsorgane der Tiere Erzeugnisse der äußeren körperlichen Front oder der inneren unkörperlichen Empfindungsfront?

Da die Sinnesorgane bei uns Menschen Organe darstellen, die die äußere Front mit der inneren verbinden, ist es wahrscheinlich, dass sie auch bei den Tieren die gleiche Aufgabe zu erfüllen haben und daher ihren Aufbau sowohl der äußeren wie der inneren Front verdanken.

Dass man die Rezeptionsorgane der Tiere nicht allein als Erzeugnis der äußeren Front ansehen darf, beweisen unzweifelhaft die Fische, die, obgleich sie nur mit in Wasser löslichen Stoffen in Berührung kommen, dennoch neben einem Geschmacksorgan ein deutliches Geruchsorgan besitzen. Die Vögel dagegen, die die beste Gelegenheit hätten, beide Organe auszubilden, entbehren des Geruchsorganes.

Erst wenn wir die Aufgabe der Sinnesorgane klar erkannt haben, wird uns der Bau des ganzen Organismus verständlich. Gegenüber der äußeren Front dienen sie als Sieb für die chemisch-physikalischen Wirkungen der Außenwelt. Nur solche Wirkungen, die für das Tiersubjekt von Bedeutung sind, werden in Nervenerregung verwandelt. Die Nervenerregungen locken ihrerseits im Gehirn die Merkzeichen der inneren Front hervor. Auf diese Weise wirkt die äußere Front auch auf die innere Front ein und bestimmt, welche Anzahl von Sehzeichen, Hörzeichen, Riechzeichen, Tastzeichen und Geschmackzeichen in den Empfindungskreisen des jeweiligen Tiersubjektes auftreten können.

Damit entscheidet sich zugleich die Bauart der Umwelten, denn jedes Subjekt kann nur die ihm zur Verfügung stehenden Merkzeichen in Merkmale seiner Umwelt verwandeln.

Man spricht bei Betrachtung einer größeren Anzahl von Bildern des gleichen Malers von »seiner Palette« und meint damit die Anzahl jener Farben, die ihm bei der Ausführung seiner Gemälde zur Verfügung gestanden haben.

Noch deutlicher werden vielleicht diese Beziehungen, wenn man sich vorstellt, jede Merkzelle des Gehirns lasse dank ihres Ichtones ein bestimmtes Merkzeichen erklingen. Jede dieser lebenden Glocken ist nun durch eine nervöse Klingelschnur mit der äußeren Front verbunden, und hier entscheidet es sich, welche äußeren Reize zum Klingeln zugelassen werden und welche nicht.

Die Ichtöne der lebenden Zellglocken stehen untereinander durch Rhythmen und Melodien in Verbindung, und diese sind es, die sie in der Umwelt erklingen lassen.

Nach den Versuchen von Mathilde Hertz[24] dürfen wir annehmen, dass das bunte Merkzeichenband des Spektrums bei den Bienen, auf die gleiche Ätherwellenleiter wie beim Menschen bezogen, um einen Schritt nach der violetten Seite hin verschoben ist. Die äußere Front des Bienenauges deckt sich nicht mit der äußeren Front des Menschenauges, während ihre inneren Fronten sich zu entsprechen scheinen. Über die Bedeutung dieser Verschiebung lassen sich bisher nur Vermutungen aufstellen.

Unzweifelhaft ist hingegen die Bedeutung der Merkzeichenpalette bei den Nachtschmetterlingen. Wie Eggers[25] zeigte, besitzen diese Tiere nur zwei gespannte Leisten als Resonatoren in ihrem Hörorgan. Durch diese Hilfsmittel gelingt es ihnen, auf Luftschwingungen anzusprechen, die für unser menschliches Ohr die obere Hörgrenze darstellen. Diese Töne entsprechen dem Pieplaut der Fledermaus, die der Hauptfeind der Schmetterlinge ist. Nur die von ihrem Spezialfeind ausgestoßenen Laute werden von den Schmetterlingen vernommen. Sonst ist die Welt für sie stumm.

In der Umwelt der Fledermäuse dient der Pieplaut als Erkennungszeichen in der Dunkelheit.

Der gleiche Laut trifft einmal das Ohr einer Fledermaus, ein andermal das Gehörorgan eines Nachtschmetterlings. Beide Male tritt die piepende Fledermaus als Bedeutungsträger auf – einmal als Freund, das andere Mal als Feind –, je nach dem Bedeutungsverwerter, der ihr gegenübertritt.

Da die Merkzeichenpalette der Fledermaus groß ist, bleibt der vernommene hohe Ton einer unter vielen. Die Merkzeichenpalette des Nachtschmetterlings ist aber sehr beschränkt, und es gibt in ihrer Umwelt nur einen Laut, und dieser ist ein Feindeslaut. Der Pieplaut ist ein einfaches Erzeugnis der Fledermaus, das Netz der Spinne ein sehr kunstvolles Erzeugnis. Beide aber haben eines gemein: Keiner von ihnen ist nur auf ein bestimmtes körperlich anwesendes Subjekt gemünzt, sondern auf alle Tiere gleichen Baues.

Wie kommt nun in dem Bau des Schmetterlings ein Apparat zum Hören des Fledermaustones zustande? Die Formbildungsregel der Schmetterlinge enthält von vornherein die Anweisung, ein Gehörorgan auszubilden, das auf den Pieplaut der Fledermäuse eingestellt ist. Ganz unzweifelhaft ist es hier die Bedeutungsregel, die auf die Formbildungsregel einwirkt, damit dem Bedeutungsträger sein Bedeutungsverwerter gegenübertritt und umgekehrt.

Dem Vegetarier Kaulquappe schafft, wie wir sahen, die Formbildungsregel ein Hornkiefermaul, dem Triton als Fleischfresser ein Maul mit echten Zähnen. Überall greift die Bedeutungsregel von Anfang an auf die Keimesbildung bestimmend ein und sorgt für die Anlage eines Nahrungsverwertungsorganes, das an der richtigen Stelle dem richtigen Bedeutungsträger der Pflanzen- oder Fleischkost entgegenwächst. Ist aber die Formbildungsregel durch Umpfropfung auf eine falsche Bahn gelenkt, so kann keine Bedeutungsregel sie zurückrufen.

Es ist somit nicht die aktive Formbildung selbst, die von der Bedeutung beeinflusst wird, sondern nur die Regel der Formbildung als Ganzes, die in Abhängigkeit von der Bedeutungsregel tritt.

6. Die Bedeutungsregel als Überbrückung zweier Elementarregeln

Wenn wir auf einem Waldspaziergang eine Eichel aufheben, die von einem mächtigen Eichbaum stammt und vielleicht von einem Eichhörnchen verschleppt wurde, so wissen wir, dass aus diesem pflanzlichen Keim mannigfache Gewebzellen hervorgehen werden, die zum Teil das unterirdische Wurzelwerk, zum Teil den oberirdischen Stamm mit seinem Blätterdach bilden werden, nach einer für die Eiche charakteristischen Formbildungsregel.

Wir wissen, dass in der Eichel die Anlage der Organe steckt, die es der Eiche ermöglichen werden, den Lebenskampf gegen die hundertfältigen Wirkungen der Außenwelt aufzunehmen. Wir sehen im Geiste die künftige Eiche im Kampf mit dem künftigen Regen, künftigen Sturm und künftigen Sonnenschein. Wir sehen sie ausharren in künftigen Sommern und künftigen Wintern.

Um allen Einwirkungen der Außenwelt gewachsen zu sein, werden die wuchernden Gewebszellen der Eichel sich in Organe gliedern müssen – in Wurzel, Stamm und Blattwerk, das die Sonnenstrahlen auffängt und dessen Blätter wie leichte Fahnen dem Winde nachgeben, dem die knorrigen Äste Widerstand leisten. Zugleich dient das Blattwerk als Regenschirm, der das kostbare Nass des Himmels den feinen Wurzelenden unter der Erde zuführt. Die Blätter enthalten den Wunderstoff Chlorophyll, der die Lichtstrahlen ausnutzt, um Kraft in Stoff zu verwandeln.

Das Blattwerk verliert sich im Winter, wenn der gefrorene Boden das Wurzelwerk daran hindert, den mit Bodensalzen gesättigten Flüssigkeitsstrom zu den Blättern emporsteigen zu lassen.

All diese künftigen Einwirkungen auf die künftige Eiche sind außerstande, die Formbildung der Eiche kausal zu beeinflussen. Ebenso unfähig sind die gleichen Wirkungen der Außenwelt, die einst die Mutter-Eiche getroffen haben, weil zu dieser Zeit die Eichel noch nicht vorhanden war.

So stehen wir angesichts der Eichel dem gleichen Rätsel gegenüber wie bei Betrachtung jedes pflanzlichen Keimes, wie jedes tierischen Eies. In keinem Falle werden wir von einer Kausalverknüpfung von äußeren Wirkungen auf ein Objekt in dessen Präexistenz oder Postexistenz reden dürfen. Nur wenn Ursache und Wirkung zu gleicher Zeit am gleichen Ort zusammentreffen, kann von einer Kausalverknüpfung die Rede sein.

Es ist auch völlig aussichtslos, die Lösung des Problems zu finden, wenn man sie in der fernsten Vergangenheit sucht. Eine Eichel vor einer Million Jahren bereitet unserem Verständnis die gleichen Schwierigkeiten, wie sie es nach hunderttausend Jahren tun wird.

Es geht daraus hervor, dass wir uns mit unserer Fragestellung in einer Sackgasse verrannt hatten, als wir darauf rechneten, mithilfe künstlicher Konstruktionen eine Kausalkette zwischen unserem Keimling Eichel und den chemisch-physikalischen Außenwirkungen herzustellen. Es liegt hier kein mechanisch lösbares Problem vor, zu dem die Stammesgeschichte den Schlüssel bieten kann.

Wir müssen daher dem Problem von einer anderen Seite beizukommen suchen.

Betrachten wir als menschliche Beobachter vom Standort der Eiche aus die Wirkungen der Außenwelt auf die Eiche, dann werden wir bald entdecken, dass sie einer gemeinsamen Naturregel unterworfen sind.

Sonne, Mond und Sterne wandeln in festen Bahnen am Himmel über der Eiche entlang. Unter ihrem Einfluss wechseln die Jahreszeiten. Windstille, Stürme, Regen und Schnee wechseln im Gefolge der Jahreszeiten. Bald ist die Luft erfüllt mit Frühlingsdüften, bald mit dem herben Herbstgeruch. In jedem Frühling ist der Wald erfüllt von Vogelsang. Die Eiche selbst bietet Hundert gefiederten und ungefiederten Gästen in Blattwerk und Rinde ein wechselvolles Obdach, bald für Sommer-, bald für Wintergäste.

An diese bereits *Noah* bekannte Naturregel ist auch die Eiche gebunden, obgleich viele der uns geläufigen Naturfaktoren nicht bis zur Wohnhülle der Eiche herandringen. Weder Mond noch Sterne noch den Sonnenball wird man in der Zahl der Bedeutungsfaktoren, die die

Wohnhülle der Eiche bilden, vorfinden, dagegen dringen bestimmte chemisch wirksame Lichtstrahlen bis zum Chlorophyll der Blätter vor, und mannigfache Wärmestrahlen wirken wachstumsbefördernd auf die jungen Triebe ein. Der Tropfenfall des Regens wird nutzbringend abgelenkt und dem Sturm der äußerste Widerstand geleistet. Jedoch wirken weder Düfte noch Tonwellen auf die Eiche ein.

Es ist die gleiche Bedeutungsregel, die heute wie vor Millionen von Jahren diese Auswahl aus den elementaren Naturfaktoren getroffen hat und sie als eigene Melodie im lebenden Glockenspiel der Eichelzellen mitklingen ließ und schließlich aus den protoplasmatischen Zellen des Keimes die Organe der Eiche hervorgehen ließ.

Dank dem arndtschen Film sind wir hierbei nicht auf bloße Vermutungen angewiesen. Wir können beobachten, wie aus der ersten Keimzelle zahlreiche selbständige Amöben durch Teilung hervorgehen, die wie ihre frei lebenden Schwestern als selbständige Subjekte die ihnen gebotene Nahrung sich aneignen.

Erst nachdem die Nahrung verzehrt ist, setzt eine neue Subjektbildung ein. Die zu einem neuen einheitlichen Subjekt zusammenschießenden Amöben sind nicht mehr auf den Bedeutungsträger Nahrung, sondern auf den Bedeutungsfaktor Wind eingestellt, dem sie gemeinsam entgegenwachsen. Das Glockenspiel des Amöbenstadiums, das sich in einem regellosen Durcheinanderklingen der Zellglocken betätigte, folgt plötzlich einer einheitlichen Melodie, einer neuen Bedeutungsregel, die die beiden Elementarregeln des Windes einerseits und der freien Zellbildung andererseits überbrückt und einer neuen subjektiven Einheit entgegenführt.

Nie wird es gelingen, durch direkte Einwirkung des noch so fein dosierten Winddruckes auf die frei beweglichen Amöben einen Schleimpilz zu erzeugen.

Im Gegensatz zum Schleimpilz, der seine beweglichen Protoplasmazellen zu einer einzigen Knospe vereinigt, die nach vollendeter Gestaltbildung ein Individuum darstellt, das aus einem einzigen Organsubjekt besteht, bildet die Eichel zahlreiche Knospen aus, von denen jede ein

Organsubjekt hervorgehen lässt, das auf einen oder mehrere Bedeutungsfaktoren eingestellt ist – so dient das Eichenblatt nicht nur als Träufelrinne für den Regen, sondern auch als Empfänger für die Lichtstrahlen dank seiner Chlorophyllzellen.

Alle Organsubjekte mit ihren Organmelodien schließen sich zur Symphonie des Organismus Eiche zusammen, einer Symphonie, die man auch als das Urbild der Eiche bezeichnen kann.

Der Vorgang der gesteigerten Subjektivierung von Zellton zu Organmelodie zu Organismussymphonie steht in direktem Widerspruch zu jedem mechanischen Vorgang, der die Wirkung von Objekt zu Objekt darstellt.

Dagegen liegt er auf der gleichen Ebene wie jede musikalische Komposition. Das Verhalten von Bedeutungsfaktoren bei den Pflanzen und den Bedeutungsträgern bei den Tieren zu ihren Bedeutungsverwertern zeigt dies besonders deutlich. Wie bei der Komposition eines Duetts die beiden Stimmen Note für Note, Punkt für Punkt zueinander komponiert sein müssen, so stehen in der Natur die Bedeutungsfaktoren zu den Bedeutungsverwertern in einem kontrapunktischen Verhältnis. Die Formbildung der Lebewesen wird erst dann unserem Verständnis nähergebracht werden, wenn uns gelungen ist, aus ihr eine *Kompositionslehre der Natur* abzuleiten.

7. Die Kompositionslehre der Natur

Der Ausdruck Kompositionslehre der Natur kann irreführend sein, da die Natur überhaupt keine Lehren erteilt. Unter Lehre ist daher nur eine Verallgemeinerung der Regeln zu verstehen, die wir beim Studium der Komposition der Natur zu entdecken meinen.

Daher ist es angezeigt, von einzelnen Beispielen auszugehen und ihre Regeln aufzustellen, um auf diese Weise zu einer Kompositionslehre der Natur zu gelangen.

Als Vorbild kann uns die musikalische Kompositionslehre dienen, die von der Tatsache ausgeht, dass mindestens zwei Töne nötig sind, um eine Harmonie zu bilden. Bei der Komposition eines Duetts müssen die beiden Stimmen, die zu einer Harmonie verschmelzen sollen, Note für Note - Punkt für Punkt - zueinander komponiert sein. Darauf beruht die Lehre vom Kontrapunkt in der Musik.

Bei allen Beispielen aus der Natur haben wir gleichfalls nach zwei Faktoren zu suchen, die gemeinsam eine Einheit bilden. Wir gehen daher stets von einem Subjekt aus, das sich in seiner Umwelt befindet, und untersuchen seine harmonischen Beziehungen zu den einzelnen Objekten, die als Bedeutungsträger an das Subjekt herantreten.

Der Organismus des Subjektes bildet den Bedeutungsverwerter oder zum mindesten den Bedeutungsempfänger. Wenn diese beiden Faktoren sich in der gleichen Bedeutung vereinigen, so sind sie von der Natur gemeinsam komponiert worden. Welche Regeln dabei zutage treten, das bildet den Inhalt der Kompositionslehre der Natur.

Wenn zwei Lebewesen zueinander in ein harmonisches Bedeutungsverhältnis treten, so ist es nötig, erst darüber die Entscheidung zu fällen, welchen der beiden Organismen wir als Subjekt und Bedeutungsverwerter ansprechen wollen und wem wir die Rolle des Bedeutungsträgers zuweisen. Dann werden wir nach den beiderseitigen Eigenschaften suchen, die sich wie Punkt und Kontrapunkt zueinander verhalten. Besitzen wir im gegebenen Fall eine genügende Kenntnis der Funktionskreise, die das jeweilige Subjekt mit seinem Bedeutungsträger verbinden und die als Bedeutungskreise gelten können, so sind wir in die Lage versetzt, nach den Kontrapunkten sowohl auf der Merkseite wie auf der Wirkseite zu suchen, um schließlich festzustellen, nach welcher speziellen Bedeutungsregel die Komposition erfolgt ist.

Um an das besprochene Beispiel der Eichel anzuknüpfen, setze ich das Schema der Fragestellung nach der Komposition der Eiche und einem ihrer Bedeutungsfaktoren - dem Regen - an die Spitze.

Blätterwerk der Eiche	Regen
Bedeutungsempfänger	Bedeutungsfaktor
Punkte	*Kontrapunkte*
dachziegelförmige Anordnung der Blätter mit Träufelrinne	herabrollende Regentropfen
Formbildungsregel der Eichel	*Physikalische Regel der Tropfenbildung*

Gemeinsame Bedeutungsregel:
Auffangen und Verteilung der Flüssigkeit auf die Wurzelspitzen

Das Blattwerk der Eiche wirkt mechanisch auf die Verteilung der Regentropfen ein, während die Regel der Tropfenbildung kompositorisch in die Melodie des lebenden Glockenspiels der Eichelzellen eingreift.

Wenden wir uns den Tieren zu und suchen wir die einzelnen Bedeutungskreise abzutasten, so werden wir im Kreis des Mediums auf ähnliche Verhältnisse stoßen wie bei der Eiche und dem Regen.

Nehmen wir als erstes Beispiel den *Oktopus als Subjekt* im Verhältnis zum *Seewasser als Bedeutungsträger*, so werden wir sofort auf kontrapunktische Beziehungen stoßen. Die Inkompressibilität des Wassers bildet die Vorbedingung für die Konstruktion eines muskulösen Schwimmsackes. Die Pumpbewegungen des Schwimmsackes wirken mechanisch auf das inkompressible Wasser ein und treiben das Tier rückwärts. Die Konstitutionsregel des Seewassers greift kompositorisch auf das lebende Glockenspiel der protoplasmatischen Zellen des Oktopusembryos ein und zwingt der Formbildungsmelodie die den Eigenschaften des Wassers entsprechenden Kontrapunkte auf; in erster Linie wird das Organ erzeugt, dessen muskulöse Wände das inkompressible Wasser ein- und austreiben. Die Bedeutungsregel, die hier Punkt und Kontrapunkt miteinander verbindet, liefert das Schwimmen.

Die gleiche Bedeutungsregel in zahlreichen Abwandlungen beherrscht die Formbildung aller schwimmenden Tiere. Bald wird vorwärts, bald rückwärts, bald seitwärts geschwommen, bald treiben die Wellenbewegungen des Schwanzes, bald die Flossen, bald die Beine das Tier durchs Wasser, aber immer verhalten sich die Eigenschaften des Organismus zu den Eigenschaften des Wassers wie Punkt zu Kontrapunkt. Überall ist die auf eine gemeinsame Bedeutung abzielende Komposition nachweisbar.

Das Gleiche gilt für alle verschiedenen Kreise des Mediums, mag es sich um Wasser-, Land- und Lufttiere handeln. Überall sind die effektorischen Organe für das Laufen, Springen, Klettern, Flattern, Fliegen oder Segeln kontrapunktisch zu den Eigenschaften des jeweiligen Mediums gebaut. Ja, bei vielen Insekten, die in der Jugend im Wasser, im Alter in der Luft leben, kann man feststellen, mit welcher Leichtigkeit im zweiten Larvenstadium die Konstitutionsregel des neuen Mediums die alten Organe wegwischt und neue entstehen lässt.

Aber auch die Untersuchung der rezeptorischen Beziehungen zwischen Subjekt und Medium lehrt das Gleiche. Stets ist für das Hindernis, das sich dem Subjekt in den Weg stellt, ein kontrapunktisch gebautes Sinnesorgan vorhanden. Im Hellen ist es das Auge, im Dunkeln sind es Tastorgane oder das Ohr.

Von vornherein ist die Fledermaus durch andere Hilfsmittel auf das Merken der Hindernisse in ihrer Flugbahn eingestellt wie die Schwalbe.

Das, wird man mir erwidern, sind lauter Banalitäten. Gewiss sind es alltägliche Erfahrungen, die wir überall machen können. Aber warum hat man es verabsäumt, aus diesen Erfahrungen den einzig möglichen

Schluss zu ziehen, dass in der Natur nichts dem Zufall überlassen ist, sondern dass überall eine ganz intime Bedeutungsregel das Tier und sein Medium verbindet, die beide zu einem Duett vereint, in dem die Eigenschaften beider Partner kontrapunktisch zueinander komponiert sind?

Nur extreme Negierer der Bedeutung als Naturfaktor werden im Funktionskreis des Geschlechtes es leugnen wollen, dass Männchen und Weibchen aufeinander bedeutungsgemäß komponiert sind, und behaupten, dass das Liebesduett, das in Tausend Variationen die gesamte lebendige Welt durchzieht, planlos entstanden sei.

Beim Liebesduett der Tiere und Menschen stehen sich zwei gleichwertige Partner gegenüber, von denen jeder in seiner Umwelt als Subjekt herrscht und als Bedeutungsempfänger auftritt, während dem andern Partner die Rolle des Bedeutungsträgers zugewiesen wird.

Sowohl die Merkorgane wie die Wirkorgane sind bei beiden Partnern einander kontrapunktisch zugeordnet.

Die erste Forderung, die man an eine gelungene Naturkomposition stellen muss, ist, dass der Bedeutungsträger sich deutlich in der Umwelt des Bedeutungsempfängers hervorhebt. Dazu können die verschiedensten Merkmale Verwendung finden.

Fabre berichtet vom Nachtpfauenauge, dass das Weibchen pumpende Bewegungen mit dem Hinterleib ausführt, wobei es seine Duftdrüsen an den Boden drückt. Der hierauf dem Boden entströmende Duft ist in den Umwelten der Männchen so wirksam, dass sie von allen Seiten der duftenden Stelle zufliegen und von keinen anderen Gerüchen abgelenkt werden, die sämtlich unter die Merkschwelle sinken.

Die Anziehung dieses Geruchmerkmals ist so stark, dass selbst der Anblick des Weibchens, das man in einem Glasgehäuse sichtbar, aber duftverschlossen den Männchen in den Weg stellt, diese nicht in ihrem Bestreben, an den duftenden Boden als Bedeutungsträger heranzukommen, irre macht.

Leider ist der gleiche Versuch noch nicht mit einer läufigen Hündin angestellt worden. Möglicherweise benehmen sich die männlichen Hunde genauso wie die männlichen Schmetterlinge.

In einem sehr interessanten von Wunder[26] berichteten Fall dient der Geschlechtspartner nicht als unmittelbarer Bedeutungsträger, sondern es wird ein zweiter Bedeutungsträger in den Geschlechtskreis eingeschoben.

Das Männchen des kleinen Süßwasserfisches Bitterling legt zur Paarungszeit ein leuchtendes Hochzeitskleid an. Das geschieht aber nicht beim Anblick des Weibchens, sondern beim Anblick der Teichmuschel und besonders beim Abtasten des ein- und ausströmenden Atemwassers der Muschel.

Das Weibchen lässt auf den gleichen Reiz hin seine lange Legeröhre herauswachsen. Während das Männchen sein Sperma ins Wasser entlässt, befestigt das Weibchen das befruchtete Ei an die Kieme der Muschel, wo die junge Larve mitten im Nahrungsstrom und von allen Fährnissen geschützt heranwachsen kann. Die Bedeutung des Hochzeitskleides des Männchens bezieht sich natürlich nicht auf die Muschel, sondern dient dazu, die anderen Bitterling-Männchen abzuschrecken.

Dass wir in der Bedeutung den wahren Schlüssel in der Hand haben, um die geschlechtlichen Naturkompositionen dem Verständnis zu erschließen, beweisen jene Beispiele, wo der Bedeutungsträger sich nicht im mindesten ändert und trotzdem vom Subjekt die entgegengesetzte Behandlung erfährt, weil dieses sich auf den Empfang einer anderen Bedeutung umgestellt hat.

Fabre berichtet über das Leben der braunen Laufkäfer, die anfangs Männchen und Weibchen gemeinsam auf die Jagd gehen, dann aber sich geschlechtlich verbinden. Ist die Paarung vollzogen, so ändert sich das Benehmen der Männchen den Weibchen gegenüber gar nicht, diese aber werfen sich mit einem wahren Heißhunger auf die Männchen und zerreißen sie, wogegen die Männchen sich nur schwach wehren. Der Bedeutungsträger Freund ist in der Umwelt der Weibchen in den Bedeutungsträger Futter umgeschlagen, ohne im Übrigen seine Konstitution im mindesten verändert zu haben. Genau wie der Chausseestein, ohne sich zu ändern, seine Bedeutung als Element des Weges aufgibt, um sich in ein Wurfgeschoss zu verwandeln, wenn die Stimmung des Subjektes Mensch umschlägt, der dem Stein daraufhin eine andere Bedeutung aufprägt.

Das rätselhafte Benehmen der jungen Graugänse, von dem Lorenz berichtet, besteht ebenfalls in einer Bedeutungsprägung. Das Grauganskükken prägt, wie Lorenz sich ausdrückt, dasjenige Lebewesen, das es nach dem Ausschlüpfen aus dem Ei zum ersten Male erblickt, zu seinem »Mutterkumpan«, dem es dauernd folgt.

Es erhält selbst der Mensch für die Graugans in diesem Fall die Bedeutung »Mutter«. »Wie sieht der zum Mutterkumpan geprägte Mensch für die Graugans aus?«, ist die Frage, die Lorenz besonders beschäftigt.

Ich glaube, wir sollten nicht vergessen, dass wir auch in der Umwelt unseres Hundewelpen zwar nicht als »Mutter«, aber doch als Bedeutungsträger »Milchbringer« auftreten und angeschnullt werden, ohne deshalb für den Welpen Hundegestalt anzunehmen.

Von Korff berichtet von einem Uhu, der zwei Enteneier ausgebrütet hatte und die Entenküken als junge Uhu behandelte, sie mit rohem Fleisch zu atzen versuchte – was misslang – und sie tagsüber auf einem Ast über dem Ententeich sitzend beobachtete. Am Abend kehrte er mit ihnen gemeinsam in seinen Käfig zurück. Wenn sich ihnen andere junge Entlein anschlossen, so wurden sie sofort vom Uhu geschlagen und verspeist. Dabei unterschieden sich die Pfleglinge des Uhus von ihren Artgenossen nur durch die Bedeutung, die ihnen der Uhu verlieh. Während alle anderen jungen Entlein als Bedeutungsträger »Beute« in die Umwelt des Uhus eintraten, spielten die beiden vom Uhu ausgebrüteten Enten die Rolle von Uhujungen.

Die Spannweite der Bedeutungsregel, die den Abstand von Bedeutungsträger zu Bedeutungsempfänger zu überbrücken hat, ist im Geschlechtskreis und im Kindeskreis gering, da es sich meist um Individuen gleicher Art handelt. Dagegen zeigt uns die Betrachtung der Funktionskreise des Feindes und der Nahrung, dass der Spannweite keine Grenzen gesetzt sind und die Eigenschaften der entferntesten Dinge kontrapunktisch miteinander verbunden werden können.

Ich habe bereits die Überbrückung der Konstitutionsregel der Fledermaus zur Konstitutionsregel der Nachtschmetterlinge durch die Bedeutungsregel besprochen.

Auf der einen Seite steht die Fledermaus als Bedeutungsträger, der nur einen Ton hervorbringt – auf der andern Seite steht der Nachtschmetterling, der infolge seines sehr spezialisierten Gehörorgans nur einen Ton empfangen kann. Dieser Ton ist bei beiden Tieren der gleiche. Die Bedeutungsregel, die diese Übereinstimmung geschaffen hat, liegt im Verhältnis von Angriff durch den Feind und seiner Abwehr durch die Beute. Der Ton, der als Erkennungszeichen von Fledermaus zu Fledermaus eingebaut ist, dient zugleich als Signal zur Flucht für die Nachtschmetterlinge. In der Umwelt der Fledermaus ist er ein Freundeston, in der Umwelt des Nachtschmetterlings ein Feindeston. Der gleiche Ton wird entsprechend seiner verschiedenen Bedeutung zum Erzeuger zweier durchaus verschiedener Gehörorgane. Da die Fledermaus viele Töne zu hören vermag, ist ihr Gehörorgan auf eine ausgedehnte Resonanz eingerichtet. Erzeugen kann sie aber nur diesen einzigen Ton.

Ebenso interessant ist es, die Überbrückung von Zecke zu Säugetier durch die Bedeutungsregel zu verfolgen.

Zecke Bedeutungsempfänger Punkte	jedes Säugetier Bedeutungsträger Kontrapunkte
1. Das Geruchsorgan ist auf einen einzigen Duft, den der Buttersäure, eingestellt.	1. Der einzige Duft, der allen Säugetieren gemeinsam ist, ist die Buttersäure ihres Schweißes.
2. Ein Tastorgan ist vorhanden, das der Zecke den Ausweg aus den Haaren ihrer Beute sichert.	2. Alle Säugetiere sind behaart.
3. Ein Temperaturorgan, das ein Merkzeichen für Wärme anklingen lässt.	3. Alle Säugetiere besitzen eine warme Haut.

4. Ein Stachel, der für die Durchbohrung jeder Säugetierhaut geeignet ist und zugleich als Flüssigkeitspumpe dient.	4. Alle Säugetiere besitzen eine weiche, gut durchblutete Haut.

Gemeinsame Bedeutungsregel:
Erkennen und Anfallen der Beute und Blutentnahme vonseiten der Zecke

Die Zecke sitzt unbeweglich auf der Spitze eines Astes, bis ein Säugetier unter ihr vorbeiläuft, dann wird sie vom Duft der Buttersäure geweckt und lässt sich fallen. Sie fällt auf den Haarpelz ihrer Beute, durch den sie sich durcharbeiten muss, um auf die warme Haut zu stoßen, in die sie ihren Stachel treibt und die Blutflüssigkeit in sich pumpt. Ein Geschmacksorgan besitzt sie nicht.

Der Ablauf dieser einfachen Bedeutungsregel umfasst fast das ganze Leben der Zecke.

Die Konstitution der Zecke, die blind und taub ist, ist einzig daraufhin komponiert, jedes Säugetier in ihrer Umwelt als den gleichen Bedeutungsträger auftreten zu lassen. Man kann diesen Bedeutungsträger als ein äußerst vereinfachtes Säugetier bezeichnen, das weder sichtbare noch hörbare Eigenschaften besitzt, durch die sich die Säugetierarten voneinander unterscheiden. Nur einen einzigen Duft besitzt dieser Bedeutungsträger der Zecke, der aus dem Schweiß der Säugetiere entstammt und allen gemeinsam ist. Außerdem ist dieser Bedeutungsträger tastbar und warm und lässt sich zur Blutentnahme anbohren. Auf diese Weise ist es möglich, alle in Form, Farbe, Lautgebung und Duftäußerung so verschiedenen Säugetiere, wie wir sie in unserer Umwelt vor uns haben, auf den gleichen Nenner zu bringen, dessen Eigenschaften beim Herannahen eines jeden Säugetiers, sei es Mensch, Hund, Reh oder Maus, kontrapunktisch einspringen und die Lebensregel der Zecke auslösen.

In unserer menschlichen Umwelt gibt es kein Säugetier an sich als anschauliches Objekt, sondern nur als gedankliche Abstraktion, als Begriff, den wir als Einteilungsmittel benutzen, dem wir aber niemals im Leben begegnen.

Bei der Zecke ist dies ganz anders; in ihrer Umwelt gibt es ein aus wenigen Eigenschaften komponiertes, aber durchaus anschauliches Säugetier, das genau den Bedürfnissen der Zecke entspricht, da diese wenigen Eigenschaften ihren Fähigkeiten als Kontrapunkte dienen.

Als besonders rätselvoll muss, solange man nach mechanischen Gründen sucht, die Einpassung des Einsiedlerkrebses an das Schneckengehäuse gelten, die durch keinerlei anatomische Übergänge als allmähliche Anpassung gedeutet werden könnte.

Sobald man aber von solchen fruchtlosen Versuchen absieht und bloß feststellt, dass der Einsiedlerkrebs seinen Schwanz nicht wie die andern langschwänzigen Krebse als Schwimmorgan, sondern als Greiforgan für Schneckenschalen ausgebildet hat, ist der Greifschwanz des Einsiedlers um nichts rätselvoller als der Ruderschwanz des Flusskrebses. Der Greifschwanz ist zur Schneckenschale ebenso kontrapunktisch komponiert wie der Ruderschwanz zum Wasser.

Mathilde Hertz hat die interessante Entdeckung gemacht, dass die honigsammelnden Bienen nur zwei Formen zu unterscheiden vermögen: aufgelöste und geschlossene Formen. Strahlenformen und Vielecke jeder Art ziehen die Bienen an, während geschlossene Formen wie Kreise und Quadrate sie abstoßen. Dies schieben die Gestalttheoretiker darauf, dass die aufgelöste Form einen größeren Reizwert besitzt. Dies mag man zugeben. Aber was hat dies zu bedeuten? Sobald man diese Frage stellt, drängt sich die Antwort sogleich auf: Alle unzugänglichen Knospen, die die Bienen meiden, haben geschlossene Formen. Dagegen haben die geöffneten Blüten, die ihren Honig darbieten, aufgelöste Formen.

In die Gestaltungsregel der Bienen sind zwei räumliche Merkschemata für Blüten und Knospen miteinbezogen, dank der Bedeutungsregel, die das Honigsammeln beherrscht. So stehen die beiden Schemata kontrapunktisch in festen Beziehungen zu den beiden Hauptformen der Blumen.

Wie hilft sich aber die Natur, wenn ein Tiersubjekt in seinen Handlungen darauf angewiesen ist, Formen zu unterscheiden, zugleich aber ein ganz primitives Zentralnervensystem besitzt, das unfähig ist, Formschemata zu schaffen?

So muss der Regenwurm, der in seine enge Höhle Linden- oder Kirschblätter hereinzieht (die ihm zugleich als Nahrung und als Schutz dienen), die Blätter an ihrer Spitze ergreifen, damit sie sich leicht einrollen lassen. Versuchte es der Regenwurm, die Blätter an ihrer Basis anzufassen, so würden sie sich sperren und dem Zug nicht folgen. Nun ist der Regenwurm seiner ganzen Konstitution nach nicht imstande, Formschemata zu bilden, dafür besitzt er ein besonders feines Sinnesorgan für den Geschmack.

Wir verdanken Mangold[27] die Entdeckung, dass der Regenwurm auch bei kleinzerschnittenen Blättern immer noch die zur Basis gehörenden Stücke von den Spitzenstücken unterscheiden kann. Die Spitzen der Blätter schmecken den Regenwürmern anders als ihre Basen. Das genügt, um sie getrennt zu behandeln. So springen hier statt der Formschemata Geschmacksmerkmale kontrapunktisch ein, um die für das Leben der Regenwürmer so wichtige Handlung des Blättereinziehens zu ermöglichen.

Man ist berechtigt, hier von einer raffinierten Naturkomposition zu sprechen.

Die Erfahrung hat die menschlichen Angler belehrt, dass es nicht nötig ist, beim Angeln von Raubfischen ein genaues Abbild ihrer Beute am Angelhaken zu befestigen, sondern dass es genügt, ein einfaches Silberplättchen, das heißt eine sehr allgemein gehaltene Nachbildung eines Weißfisches, dem Hecht als Köder darzubieten.

Die Natur bedarf dieser Erfahrungen nicht. *Lophius piscatorius*, »die Anglerin«, ist ein breitmäuliger Fisch, der nahe seiner Oberlippe einen langen, beweglichen Knochenstab trägt, der ein silbriges Band hin- und herflattern lässt.

Dieses genügt, um kleinere Raubfische anzulocken. Diese werden beim Zuschnappen nach dem Köder durch einen plötzlich erzeugten Wasserstrudel in das breite Maul hinabgesaugt.

Hier ist die Spannweite der Bedeutungsregel noch weiter gezogen, denn sie verbindet die Gestaltungsregel des Lophius nicht mit der Gestalt der vom Raubfisch verfolgten Beute, sondern mit dem sehr vereinfachten Abbild dieser Beute in der Umwelt des vom Lophius geangelten Raubfisches.

Ein ähnliches Beispiel bieten die mit Augenflecken geschmückten Schmetterlinge, die durch Aufschlagen ihrer Flügel die ihnen nachstehenden kleinen Vögel verjagen, weil diese vor den plötzlich auftretenden Augen kleiner Raubtiere sofort die Flucht ergreifen.

Weder weiß Lophius, wie die Beute in der Umwelt des von ihm erangelten Raubfisches aussieht, noch weiß der Schmetterling, dass der Sperling vor Katzenaugen flüchtet. Aber der Komponist dieser Umweltkompositionen muss es wissen.

Dies ist kein menschliches Wissen, das durch Erfahrungen gewonnen werden kann. Darüber hat uns bereits die Tunnelbohrung der Erbsenkäferlarve belehrt, welche eine Handlung ausführt, die durch ein übersinnliches, nicht an die Zeit gebundenes Wissen bedingt ist. Dank diesem Wissen ist es dem Komponisten möglich, das künftige Lebensbedürfnis eines noch nicht vorhandenen Käfers zur Ursache der Handlung der Käferlarve zu machen.

8. Die Bedeutungserduldung

Im Beispiel des Blumenstängels, dessen Verwandlung wir in den vier Umwelten des Mädchens, der Ameise, der Zikadenlarve und der Kuh kennenlernten, trat der Blumenstängel als Bedeutungsträger jedes Mal einem neuen Bedeutungsempfänger entgegen, den man auch als Bedeutungsverwerter ansprechen konnte, denn er verwertete den Blumenstängel bald als Schmuck, bald als Weg, bald als Materiallieferant für den Hausbau, bald als Nahrungsbrocken.

Dies Beispiel hat aber auch eine andere Seite, die sich zeigt, wenn wir statt des Blumenstängels die ganze Pflanze, der er angehört, als Subjekt einsetzen und ihm die bisherigen vier Subjekte als Bedeutungsfaktoren hinzugesellen.

Dann kann von einer Bedeutungsverwertung durch die Pflanze keine Rede sein. Der Bedeutungsempfang ist nur noch einer Bedeutungsduldung gleichzusetzen. Diese Duldung weist verschiedene Abstufungen auf. Die Verwandlung des Stängels in einen Ameisenweg ist leicht zu ertragen. Auch die Entnahme des Saftes für den Hausbau der Zikadenlarve bedeutet nur eine leichte Schädigung. Dagegen kann das Abpflücken der Blüte vonseiten des Mädchens und das Abgrasen durch die Kuh für die Pflanze verderblich sein.

In keinem der vier Fälle kann man eine im Interesse der Pflanze gelegene Bedeutungsregel entdecken.

Auch die bedeutungsvolle Rolle, die das Spinnennetz im Leben der Fliege spielt, ist keineswegs im Interesse der Fliege zu werten, sondern widerspricht diesem Interesse. Die Fliege, die sich im Spinnennetz verfängt, kann diesen Bedeutungsträger in ihrer Umwelt durchaus nicht verwerten, sondern nur erdulden.

Auch die Larve des Erbsenkäfers, die für die Zukunft sorgend ihren Tunnel durch die Erbse rechtzeitig gebohrt hat, ehe die Erbse sich verhärtet, steht dem Bedeutungsträger »Schlupfwespe« wehrlos gegenüber und kann die Todbringerin nur erdulden.

Die Bedeutung dieser scheinbaren Bedeutungswidrigkeiten wird uns sofort klar, wenn wir den Blick vom einzelnen Individuum abwenden und die höhere Einheit der Art ins Auge fassen.

Die Grundlage allen Lebens bildet die Einfügung der kurzlebigen Individuen in die langlebige Art. Paarweise greifen die Individuen jeder Generation ineinander, um die neue Generation zu erzeugen. Immer übertrifft die Zahl der Kinder die der Eltern. Um nun die Art auf der gleichen Individuenzahl zu erhalten, müssen die Überzähligen zugrunde gehen. Dann tritt die gleiche Zahl von Eltern in der jungen Generation zur Fortzeugung der Art zusammen. Die Vertilgung der Überzähligen geschieht auf sehr verschiedene Weise. Bei den meisten Arten ist die Lebensdauer der Individuen durch den Wechsel der Jahreszeiten festgelegt. Es ist klar, dass alle einjährigen Individuen alle Jahre den Individuen der neuen Generation Platz machen.

So sterben die Wespenstaaten mit ihren Abertausend Individuen in jedem Herbst völlig aus und nur einige weibliche Individuen überwintern, um im nächsten Jahr die gleiche Anzahl neuer Staaten zu gründen.

Von unseren Stubenfliegen gehen im Herbst so viele zugrunde, dass man sie für ausgestorben halten könnte, und doch finden sie sich im kommenden Frühjahr in gleicher Zahl wieder ein. Die Zahl der Fliegen, die im Netz ihrer Feindin, der Spinne, ein vorzeitiges Ende findet, spielt im Haushalt der Fliegen nur eine geringe Rolle.

Der Wanderflug der Vögel vertilgt Jahr für Jahr die überzähligen Individuen, die dieser ungeheuren Anstrengung nicht gewachsen sind.

Es ist nicht die Zahl der Individuen allein, die für die Art von Wichtigkeit ist, sondern auch ihre Widerstandskraft. Hierin erkennen wir die große Bedeutung der Erduldung von Schädlichkeiten, die immer wieder die schwächeren Individuen von der Erzeugung schwacher Nachkommen ausschließt.

Habichte und Füchse werden durch das Wegfangen der schwachen Beutetiere zu Wohltätern der von ihnen verfolgten Arten. Wo die Füchse vertilgt werden, gehen die Hasen an Epidemien zugrunde, weil die erkrankten Tiere nicht rechtzeitig ausgemerzt werden.

Die erkrankten Tiere, die in ihren Bewegungen behindert sind, üben auf ihre Feinde eine besondere Anziehung aus. Das nutzen manche Vögel aus. So wird der Kiebitz, dessen Gelege durch das Herannahen eines Feindes bedroht wird, nicht einfach fortfliegen, sondern sich lahm stellen und durch seine scheinbare Flugunfähigkeit den Feind heranlocken, bis er weit genug vom Nest entfernt ist, um dann in sicherem Fluge abzustreichen.

Die Schlupfwespe, die der Erbsenkäferlarve nachstellt, ist die Beschützerin der Erbsen, die sonst der Überzahl ihrer Feinde ausgeliefert wären.

Wie wichtig die Einführung solcher Spezialfeinde für das gesamte Tier- und Pflanzenleben einer Landschaft sein kann, dafür liefert Australien ein beachtenswertes Beispiel.

Vor hundert Jahren brachte eine Bäuerin, die aus Südamerika nach Australien einwanderte, einen Steckling des Feigenkaktus mit, der in der neuen Heimat vorzüglich gedieh. Bald zeigte es sich, wie nützlich die stachelige Pflanze war, um Gärten und Höfe einzuzäunen. Der Feigenkaktus wurde daraufhin überall angepflanzt.

Die Nutzpflanze verwandelte sich aber in eine Landplage. Sie überwucherte die Gärten und Felder, die sie schützen sollte. Sie griff auf die Wälder über und erstickte, wohin sie kam, den ganzen Pflanzenwuchs.

Als weite Landstrecken der Verödung anheimfielen, griffen die Behörden ein. Mit Hacke und Feuer ging man dem neuen Feind zu Leibe. Als das nichts half, ließ man von Flugzeugen aus Gift auf die vom Kaktus überwucherten Wälder streuen. Der Erfolg war, dass alle anderen Pflanzen restlos zugrunde gingen, der Kaktus aber weiter gedieh.

Da wandten sich die Behörden in ihrer Verzweiflung an die Botanischen Institute der Universitäten. Und diese entsandten eine Anzahl tüchtiger Forscher nach Südamerika in die Urheimat des Feigenkaktus. Den geübten Beobachtern gelang es, eine kleine Raupe, die einer Mottenart angehört, aufzufinden, die sich ausschließlich vom Fleisch des Feigenkaktus nährt.

Nach mehrjährigen Versuchen wurden Millionen Eier dieses Feindes des Kaktus gezüchtet und auf die Kaktus-Wüsteneien ausgestreut. Und siehe da, in ein paar Jahren gelang es, die Kaktuswälder zu vernichten und den Boden für die Kultur neu zu gewinnen.

Es ist höchst reizvoll, den Naturkompositionen nachzugehen und festzustellen, welche Bedeutung jeder Bedeutungsduldung zukommt. Zwei Gesichtspunkte sind dabei zu beachten; einmal wird durch die Bedeutungsduldung der Überschuss der Individuen im Interesse der Art selbst ausgemerzt, wobei alle ungesunden und wenig widerstandsfähigen Individuen abgestoßen werden. Oder die Entfernung der überschüssigen Individuen geschieht im Interesse des Haushaltes der Natur.

So dient die Überzahl der Mückenlarven nach K. E. v. Baer den Fischen als Nahrung und für die Überzahl an Kaulquappen scheint das Gleiche zu gelten.

Es war ein grundsätzlicher Irrtum von Herbert Spencer,[28] die Vernichtung der überzähligen Nachkommen als ein »Überleben des Passenden« zu deuten, um darauf den Fortschritt in der Entwicklung der Lebewesen aufzubauen. Es handelt sich gar nicht um ein Überleben des Passenden, sondern um ein Überleben des Normalen im Interesse der unveränderten Weiterexistenz der Art.

9. Die Naturtechnik

Es war, so viel ich mich entsinne, eine Symphonie von Mahler, die Mengelberg im Conzertgebouw von Amsterdam hinreißend dirigierte. Das große Orchester, verstärkt von Männer- und Frauenchören, rauschte überwältigend empor in Glanz und Fülle.

Neben mir saß ein junger Mann, der völlig in die Partitur versenkt war und mit einem Seufzer der Befriedigung das Notenbuch zuschlug, als der letzte Akkord verklang.

In meiner musikalischen Unbildung fragte ich ihn, welchen Genuss es ihm verschaffen könne, in Notenschrift mit dem Auge das zu verfolgen, was sein Ohr unmittelbar in Tönen wahrnahm. Da geriet er in Feuereifer und versicherte mir, nur wer die Partitur verfolge, erhalte die volle Anschauung eines musikalischen Kunstwerkes. Jede Stimme eines Menschen oder eines Instrumentes sei ein Wesen für sich, das aber durch Punkt und Kontrapunkt mit anderen Stimmen zu einer höheren Gestalt verschmelze, die ihrerseits weiter wachse und an Reichtum und Schönheit zunehme, um als Gesamtheit uns die Seele des Komponisten entgegenzutragen.

Beim Lesen der Partitur könne man das Wachsen und Verzweigen der einzelnen Stimmen verfolgen, die gleich den Pfeilern eines Domes die allumfassende Wölbung trügen. Nur so erhalte man einen Einblick in die vielgliedrige Gestalt des vorgetragenen Kunstwerkes.

Diese mit großer Überzeugungskraft vorgetragene Rede erweckte in mir die Frage, ob es vielleicht die Aufgabe der Biologie sei, die Partitur der Natur zu schreiben.

Mir waren damals die kontrapunktischen Beziehungen von Umwelt zu Umwelt bereits geläufig, und ich begann das Beispiel des Blumenstängels in seinen Beziehungen zu den vier Umwelten weiter zu verfolgen.

Einen Blumenstrauß, der ihm als Schmuck diente, verschenkte das Mädchen ihrem Liebsten, so gelangte der Blumenstängel in ein Liebesduett. Die Ameise, die den Stängel als Weg benutzte, eilte ihm entlang zum Fruchtknoten der Blume, um daselbst ihre Milchkühe, die Blattläuse, zu melken, während die Kuh das Grünfutter, zu dem der Stängel gehörte, selbst zu Milch verwandelte. Die Zikadenlarve wuchs im Schaumhaus, das ihr der Saft des Stängels geliefert hatte, heran und erfüllte bald die Wiese mit ihrem leisen Liebesgezirpe.

Andere Umwelten kamen hinzu. Die Bienen, die kontrapunktisch mit dem Duft, der Farbe und der Form der Blüte verbunden waren, eilten herbei und teilten, nachdem sie sich am Honig gesättigt hatten, den neuen Fundort durch eindrucksvolle Tänze – die v. Frisch[29] eingehend schildert – den Stockgenossen mit.

Zwar ist die Blumenfarbe für die Bienen nicht die gleiche wie für uns, aber sie dient ihnen dennoch als sicheres Merkmal, weil die Blume und die Biene kontrapunktisch zueinander komponiert sind.

Dies ist zwar ein bescheidener Anfang, aber immerhin ein Anfang, um die Aufgabe zu lösen, die eine Naturpartitur uns stellt.

Man kann alle musikalischen Instrumente auf den gleichen Nenner bringen, wenn man die von ihnen erzeugten Töne wie in einem Glockenspiel nebeneinanderlegt. Dann erhält man für die Geige ein sehr reiches Glockenspiel, das ausschließlich aus Geigentönen besteht, für die Harfentöne wird man ein anderes und einfacheres Glockenspiel einsetzen, das für die Triangeltöne auf ein Mindestmaß herabsinkt.

Jeder musikalischen Komposition wird die Aufgabe gestellt, aus dem Glockenspiel der Töne eines Instrumentes diejenigen Töne auszusuchen, die eine melodische Folge bilden, und sie zugleich mit den Tönen aus den Glockenspielen anderer Instrumente harmonisch zu verbinden.

Dies geschieht gemäß der Lehre vom Kontrapunkt, die die Regeln aufstellt, nach denen die Töne verschiedener Stimmen in einer Partitur vereint werden können. Es steht aber dem Komponisten frei, die Töne jedes Instrumentes mit den Tönen jedes anderen Instrumentes kontrapunktisch zu verbinden.

Um die Tiere auf den gleichen Nenner mit den musikalischen Instrumenten zu bringen, genügt es, ihr Zentralnervensystem als ein Glockenspiel anzusprechen und die Merkzeichen seiner lebenden Zellen, die als Merkmale hinausverlegt werden, »Merktöne« zu nennen, während die Impulse, die die Ausführung von Bewegungen veranlassen, zu »Wirktönen« werden.

Jedes Tier beherbergt wie jedes Instrument eine bestimmte Anzahl von Tönen, die mit den Tönen anderer Tiere in kontrapunktische Beziehungen treten.

Es genügt nicht, wie es die Mechanisten tun, die Musikinstrumente als bloße Erzeuger von Luftwellen zu behandeln. Aus Luftwellen kann niemand weder eine Melodie noch eine Harmonie schaffen oder mit ihrer Hilfe eine Partitur schreiben. Erst die Beziehungen der Luftwellen zum menschlichen Gehörorgan, wo sie zu Tönen verwandelt werden, schafft die Möglichkeit, Melodien und Harmonien zu erzeugen und Partituren zu schreiben.

Auch genügt es nicht, wenn man den Tieren und Pflanzen auf der Wiese als einzige Aufgabe zuweist, ihre Farben, ihre Töne und Düfte im Raum auszubreiten. Diese müssen erst in den Umwelten anderer Tiere aufgenommen und in Merkzeichen verwandelt werden.

Dann kann man die Beziehungen der Lebewesen ins Musikalische transponieren und von Merktönen und Wirktönen der verschiedenen Tiersubjekte reden, die kontrapunktisch zueinander gehören. Nur dann kann man zu einer Partitur der Natur kommen.

In der Natur können die Merktöne verschiedener Tiere kontrapunktisch verwendet werden, so ist der Lockton der Fledermaus in der Fledermaus-Umwelt zugleich ein Warnton in der Umwelt des Nachtschmetterlings.

Das Gehäuse, das die Schnecke trägt, hat für sie einen Wohnton – aber nachdem sie gestorben und das leere Gehäuse übrig geblieben, gewinnt dieses für den Einsiedlerkrebs einen ihm entsprechenden Wohnton. Und dieser Gleichklang wird in der Komposition Schnecke-Einsiedler ausgenutzt.

Wie der Komponist einer Symphonie in der Wahl der Instrumente, die er zu seiner Komposition benutzen will, unbeschränkt ist, so ist die Natur in der Auswahl der Tiere, die sie kontrapunktisch verbinden will, völlig frei. Die Angel des Lophius ist zum Fangton des Schemas, das seinen Beutefisch heranlocken soll, kontrapunktisch gebaut. Die Bezeichnungen Fangton und Wohnton beweisen, dass wir bei Anwendung des musikalischen Vergleichs auf die Tiere sogleich die reine Musiktheorie verlassen haben, denn nach dieser kann man wohl von einem Geigenton oder Harfenton reden, aber nie von einem Fangton der Beute oder dem Wohnton eines Hauses – ebenso wenig wie von dem Trinkton einer Tasse oder dem Sitzton eines Stuhles. Und doch liegt gerade in der Erweiterung des Begriffes Ton vom bloßen Hörton zum Bedeutungston der Objekte, die als Bedeutungsträger in der Umwelt eines Subjektes auftreten, die große Verwendbarkeit des musikalischen Vergleichs auf biologischem Gebiet.

Wenn man sagt, dass der Wohnton des Gehäuses in der Umwelt der Schnecke sich mit dem Wohnton in der Umwelt des Einsiedlerkrebses kontrapunktisch vertreten kann, so ist damit angedeutet, dass jeder der beiden Töne, ohne mit dem andern identisch zu sein, dennoch von einer Naturkomposition in die andere übernommen werden kann, weil beide die gleiche Bedeutung haben.

Anstelle der Harmonie in der musikalischen Partitur tritt die Bedeutung in der Naturpartitur, die als Verbindungsglied oder besser gesagt als Brücke dient, um zwei Naturfaktoren miteinander zu vereinigen.

Denn wie jede Brücke auf beiden Ufern des Flusses ihre Fußpunkte hat, die sie als Punkt und Kontrapunkt miteinander verbindet, so werden diese in der Musik durch die Harmonie, in der Natur durch die gleiche Bedeutung miteinander verknüpft.

Dass es sich hierbei um wirkliche Naturfaktoren und nicht bloß um logische Begriffe handelt, habe ich an zahlreichen Beispielen bis zur Ermüdung des Lesers nachgewiesen.

Wir sind jetzt so weit, dass wir die Bedeutungspartitur als Naturbeschreibung ansprechen dürfen, die sich einer Musikbeschreibung durch die in Noten niedergelegte Partitur an die Seite stellen darf.

Werfen wir jetzt einen Blick auf ein Orchester, so sehen wir auf den einzelnen Notenpulten in Notenschrift die Stimmführung für das dazugehörige Instrument liegen, während die Gesamtpartitur auf dem Pult des Dirigenten ruht. Wir sehen aber auch die Instrumente selbst und fragen uns, ob diese möglicherweise nicht bloß in ihrer jeweiligen Tongebung, sondern auch durch ihre ganze Bauart aufeinander eingestellt sind, das heißt ob sie nicht bloß musikalisch, sondern auch technisch eine Einheit bilden.

Da die meisten Instrumente des Orchesters auch allein für sich zu musikalischen Produktionen befähigt sind, ist diese Frage nicht ohne Weiteres zu bejahen.

Wer aber die Produktionen von musikalischen Clowns mit angehört hat, die mit Instrumenten arbeiten, welche sonst zum Lärmmachen dienen, wie Haarkämme, Kuhglocken und dergleichen, wird sich davon überzeugt haben, dass man mit einem solchen Orchester wohl eine Kakofonie, aber keine Symphonie spielen kann.

Die Instrumente eines wirklichen Orchesters zeigen bei genauerem Zusehen bereits in ihrer Bauart ein kontrapunktisches Verhalten.

Dies tritt in einem Naturorchester, wie es uns eine Wiese darbietet, noch deutlicher zutage. Wir brauchen bloß an die Blume in den vier Umwelten zu denken. Am schlagendsten offenbart sich das Verhältnis in der Bauart der Blume zur Bauart der Biene; von dem man sagen kann:

Wär' nicht die Blume bienenhaft
Und wäre nicht die Biene blumenhaft,
Der Einklang könnte nie gelingen.

Damit ist der Fundamentalsatz aller Naturtechnik ausgesprochen. Wir erkennen in ihm die Weisheit Goethes wieder:

Wär' nicht das Auge sonnenhaft,
Die Sonne könnt' es nie erblicken.

Aber wir können jetzt auch Goethes Ausspruch vollenden und sagen:

Wär' nicht die Sonne augenhaft,
An keinem Himmel könnte sie erstrahlen.

Die Sonne ist ein Himmelslicht. Der Himmel aber ist ein Erzeugnis des Auges, das hier seine fernste Ebene aufbaut, die den Umweltraum umschließt. Die augenlosen Lebewesen kennen weder einen Himmel noch eine Sonne.

10. Der Kontrapunkt als Motiv der Formbildung

Die technische Grundregel, die in der Blumenhaftigkeit der Biene und in der Bienenhaftigkeit der Blume zum Ausdruck kommt, können wir jetzt auch auf die anderen angeführten Beispiele anwenden.

Sicher ist das Spinnennetz fliegenhaft gestaltet, weil die Spinne selbst fliegenhaft ist. Fliegenhaft sein bedeutet, dass die Spinne in ihrer Konstitution gewisse Elemente der Fliege aufgenommen hat. Nicht aus einer bestimmten Fliege, sondern aus dem Urbild der Fliege. Besser ausgedrückt, bedeutet die Fliegenhaftigkeit der Spinne, dass sie in ihrer Körperkomposition gewisse Motive aus der Fliegenmelodie aufgenommen hat.

Sehr deutlich ist das Eindringen einzelner Säugetiermotive in den Körperplan der Zecke. Am deutlichsten zeigt sich die Auswirkung des Fledermausmotivs in der Gestaltung des Gehörorgans des Nachtschmetterlings.

Überall ist es der Kontrapunkt, der als Motiv in der Gestaltung zum Ausdruck kommt. Dies sollte uns bereits aus dem Aufbau der menschlichen Gebrauchsgegenstände geläufig sein.

Eine Kaffeetasse mit Henkel zeigt ohne Weiteres die kontrapunktischen Beziehungen einerseits zum Kaffee, andererseits zur menschlichen Hand. Diese Kontrapunkte beeinflussen in erster Linie die Motive bei der Herstellung der Tasse. Ja, sie sind sogar wichtiger als das Material, aus dem die Tasse geformt wird.

Es klingt wie eine banale Selbstverständlichkeit, wenn man den Satz aufstellt: Die Kaffeetasse ist kaffeehaft. Doch besagt der Satz mehr, als es den Anschein hat. Er besagt, dass die Leistung der Tasse darin besteht, den Kaffee zu beherbergen, aber darüber hinaus, dass diese Leistung zugleich das Motiv für ihre Herstellung war.

In der Aufdeckung dieses Zusammenhanges kulminiert die Bedeutungslehre. In seiner Leistung liegt die Bedeutung unseres Gebrauchsgegenstandes für uns, und diese Leistung lässt sich stets auf eine Überbrückung des Kontrapunktes im Gegenstand zum Menschen zurückführen, die zugleich das Motiv zur Überbrückung bildet.

Der Stuhl in seiner Bedeutung als einer sich über den Boden erhebenden Sitzgelegenheit besteht aus lauter Brücken zu verschiedenen Kontrapunkten. Sitzfläche, Rücken- und Armlehne finden ihre Kontrapunkte im menschlichen Körper, zu denen sie die Brücken bilden, während die Stuhlbeine deutliche Brücken zum Kontrapunkt Erdboden bilden. Alle diese Kontrapunkte sind zugleich Motive für den Schreiner bei der Herstellung des Stuhles.

Es würde zu weit führen, noch andere naheliegende Beispiele anzuführen. Es muss der Hinweis genügen, dass wir mit allen Gebrauchsgegenständen Brücken von unserer Person zur Natur geschlagen haben, der wir uns dabei nicht näherten, sondern von der wir uns immer mehr loslösten. Dann aber haben wir in immer eiligerem Tempo begonnen, Brücken zu den Brücken zu schlagen, die bereits beim Aufbau einfacher Maschinen für den naturnahen Mann unübersehbar sind. Wir sind in der Großstadt nur noch von künstlichen Dingen umgeben, denn selbst die Bäume und Blumen unserer Anlagen, die wir nach Belieben herausnehmen und verpflanzen, haben wir aus dem Naturganzen herausgerissen und zu menschlichen Gebrauchsgegenständen gemacht.

Die viel gepriesene menschliche Technik hat jeden Sinn für die Natur verloren, ja sie erdreistet sich, die tiefsten Fragen des Lebens wie das Verhältnis vom Menschen zur Gottnatur mit ihrer völlig unzureichenden Mathematik lösen zu wollen.

All dieses ist nebensächlich. Viel wichtiger ist es, sich eine Anschauung darüber zu verschaffen, welche Wege die Natur einschlägt, um ihre Geschöpfe (die sie nicht wie wir aus einzelnen Teilen zusammensetzt) aus dem undifferenzierten Keim hervorzulocken.

Der arndtsche Film von der Entstehung des Schleimpilzes zeigte uns als erste Lebensphase ein immer gesteigertes Anwachsen frei lebender Amöben, die zu ihrer Bakteriennahrung kontrapunktisch gebaut sind. Ist die Nahrung aufgezehrt, so greift ein neuer Kontrapunkt als Motiv schlagartig ein und verwandelt die sich übereinander schiebenden Amöben in Gewebszellen einer in den Wind gestellten Pflanze.

Blicken wir in die kleine Wohnwelt des Schleimpilzes, der als leichter Haarbesatz sich über einem Ballen von altem Pferdedung erhebt, so entdecken wir als einzigen wirksamen Naturfaktor neben dem samentragenden Pilz nur noch den samenverbreitenden Wind.

Samenträger und Samenverbreiter sind zu einem Duett verschmolzen. Erst sind es die freien Amöben, die mit ihren gleichklingenden Ichtönen ein lebendes Glockenspiel bilden.

Mit ihnen spielt die Natur und wandelt sie in Gewebszellen nach einem neuen Motiv und erbaut aus ihnen eine samentragende Gestalt, die sich dem Wind darbietet.

Dieser Vorgang ist für uns ebenso unbegreiflich wie der Wechsel der Motive in einer Sonate von Beethoven. Aber unsere Aufgabe ist es nicht, eine Natursonate zu komponieren, sondern nur ihre Partitur niederzuschreiben.

Durchaus in den Anfängen stecken wir noch bei den Wirbeltieren, was die technischen Fragen betrifft. Man kann die knospenhafte Entstehung der Organe, die an einen elementaren Grundriss gebunden sind, damit in Zusammenhang bringen, dass die Bedeutung jeder Knospe durch ihre Stellung zum Ganzen fixiert wird, damit kein Ausfall einer Bedeutung und keine Doppelbildung auftritt.

Diese Fixierung ist so sicher, dass, wie Spemann zeigte, ein Pfropf von Kaulquappenepidermis, im Tritonkeim an die Stelle des künftigen Tritonmaules eingepflanzt, zum Maul wird, aber zu einem Kaulquappenmaul, weil die Maulbildungpartitur des Frosches mit den Froschzellen zugleich übertragen wurde.

Wenn man aus dem Notenheft mit der Stimmführung der ersten Geige ein Blatt herausrisse und es an die entsprechende Stelle der Stimmführung des Cellos einsetzte, würde eine ähnliche Diskrepanz erfolgen.

Aufschlussreich für die Partituren der Gestaltbildung ist die Tunnelbohrung der Erbsenkäferlarve. In diesem Fall ist der Kontrapunkt, der zum Motiv für die Tunnelbohrung wird, die eigene erst in der Zukunft auftretende Gestalt des ausgebildeten Käfers, der ohne den von der Larve geschaffenen Tunnelausgang zugrunde gehen müsste. Es kann mithin die künftige Gestalt als Motiv bei der Gestaltwerdung eine Rolle spielen.

Dies eröffnet weitere Möglichkeiten. Wenn die künftige Gestalt, die das Ziel der Gestaltung darstellt, selbst zum Motiv werden kann, so hat K. E. v. Baer recht, wenn er von einer Zielstrebigkeit bei der Entstehung der Lebewesen spricht. Nur erfasst er damit nicht den ganzen Sachverhalt.

Wenn die Spinne ihr Netz webt, so könnten die verschiedenen Etappen der Netzbildung wie der strahlenförmig gebaute Rahmen zugleich als Ziel und als Motiv für die Rahmenbildung angesprochen werden. Es kann wohl das Netz, aber niemals die Fliege das Ziel der Netzbildung genannt werden. Wohl aber dient die Fliege als Kontrapunkt und als Motiv für die Netzbildung.

Wie viel Rätsel uns die Naturtechnik noch aufgeben wird, dafür ist die Leistung des Trichterwicklers ein schlagendes Beispiel. Es stehen sich als kontrapunktisch komponierte Partner gegenüber: der kleine Rüsselkäfer mit einer Laubsäge als Rüssel und das große Birkenblatt, das zersägt werden soll. Der Weg der Säge muss so geführt werden, dass der Käfer nachher ohne Schwierigkeiten den unteren Teil des Blattes zu einer Tüte zusammenrollen kann, in die er seine Eier legt.

Dieser Weg, der eine charakteristische Krümmung hat, ist eine konstante Größe für alle Trichterwickler, obgleich im Birkenblatt keine Spur einer Anlage dieses Weges vorhanden ist. Ist der »konstante Weg« selbst das Motiv für seine Entstehung?

Das gehört zu den Kompositionsgeheimnissen der Natur, denen wir beim Erforschen der Naturtechnik auf Schritt und Tritt begegnen.

Der erste Forscher, der sich mit den Problemen der Naturtechnik befasste, scheint Lamarck[30] gewesen zu sein. Jedenfalls enthält der von ihm unternommene Versuch, die Entstehung des langen Halses der Giraffe mit dem hohen Stamm der Palmen in Einklang zu bringen, den ersten Hinweis auf ein kontrapunktisches Verhalten.

Später verlor sich das Interesse an der Naturtechnik völlig, an deren Stelle vor allem Haeckel[31] Spekulationen über den Einfluss der Ahnen setzte. Niemand wird in der Behauptung, dass die Amphibien aus den Fischen hervorgegangen seien, eine technische Leistung erkennen können. Besonders die Wunschgebilde der sogenannten rudimentären Organe sorgten dafür, den Blick von den wahren technischen Problemen abzulenken.

Erst der von Driesch geführte Nachweis, dass aus einem mitten durchgeschnittenen Seeigelkeim nicht zwei halbe, sondern zwei ganze Seeigel von halber Größe werden, machte die Bahn frei für ein tieferes Verständnis der Naturtechnik. Alles Körperliche lässt sich mit dem Messer zerschneiden - eine Melodie aber nicht. Die Melodie eines Liedes, das von einem freien Glockenspiel lebender Glocken gespielt wird, bleibt unverändert, auch wenn sie nur die halbe Anzahl von Glocken beherrscht.

11. Der Fortschritt

Diesmal war es in der schönen Michaeliskirche in Hamburg beim Anhören der Matthäuspassion, dass sich mir wieder die biologische Parallele aufdrängte. Dies hohe, von den schönsten Gesängen durchwobene Werk schritt vorwärts mit ehernem Schicksalsgang. Aber gewiss war das nicht der Fortschritt, den die Forscher in den zeitlichen Ablauf des Naturgeschehens hineinfantasierten.

Warum sollte das gewaltige Naturdrama, das sich seit dem Auftreten des Lebens auf unserer Erde abrollte, in Höhen und Tiefen nicht gleich der Passion eine einzige Komposition sein?

War der so hochgepriesene Fortschritt, der die Lebewesen aus unvollkommenen Anfängen zu immer höherer Vollkommenheit führen sollte, doch im Grunde nur eine kleinbürgerliche Spekulation auf den steigenden Nutzen des Geschäftes?

Mir war jedenfalls auch bei den einfachsten Tieren nie eine Spur von Unvollkommenheit aufgestoßen. Immer war, soweit ich das beurteilen konnte, das zum Bau bereitliegende Material in der bestmöglichsten Weise ausgenutzt worden. Jedes Tier hatte seine eigene Lebensbühne mit all den Dingen und den Mitspielern bevölkert, die für sein Leben von Bedeutung waren.

Die Eigenschaften des Tieres und die Eigenschaften seiner Mitspieler klangen überall wie Punkte und Kontrapunkte eines vielstimmigen Chores mit Sicherheit zusammen.

Es war, als glitte die gleiche Meisterhand seit undenklichen Zeiten über die Tasten des Lebens. Eine Komposition folgte der anderen, unendlich viele, schwere und leichte, herrliche und schreckliche.

In den Fluten des Urmeeres tummelten sich einfache, aber voll ausgebildete Krebse. Lange Zeiträume verstrichen, dann nahten sich die Herrschertage der Kephalopoden, denen die Haifische ein Ende bereiteten. Aus den warmen Sümpfen des Festlandes entstiegen die Saurier, die mit ihren Riesenleibern das Leben ins Groteske übersteigerten. Aber immer glitt die Meisterhand weiter. Aus dem alten Stamm entfalteten sich in neuen Lebensmelodien neue Gestalten, in Hunderten von Variationen sich auslebend, aber niemals Übergänge zeigend aus Unvollkommenem ins Vollkommenere.

Gewiss waren die Umwelten zu Beginn des Weltdramas einfacher als später. Aber immer stand in ihnen jedem Bedeutungsträger ein Bedeutungsempfänger gegenüber. Die Bedeutung beherrschte sie alle. Die Bedeutung band wechselnde Organe an das wechselnde Medium. Die Bedeutung verband Nahrung und Nahrungsvertilger, Feind und Beute und in erster Linie Männchen und Weibchen in erstaunlicher Abwechslung. Überall ein Fortschreiten, niemals ein Fortschritt im Sinn des Überlebens des Passenden, niemals eine Auswahl des Besseren durch einen planlos wütenden Kampf ums Dasein. Stattdessen waltete eine Leben wie Tod umschlingende Melodie.

Ich beschloss, unserem größten Historiker die Frage vorzulegen: Gibt es in der menschlichen Geschichte einen Fortschritt?

Leopold v. Ranke[32] schreibt in seinen *Epochen der neueren Geschichte*: »Wollte man [...] annehmen, dieser Fortschritt bestehe darin, dass in jeder Epoche das Leben der Menschheit sich höher potenziert, dass also jede Generation die vorhergehende vollkommen übertreffe, mithin die letzte allemal die bevorzugte, die vorhergehenden aber nur die Träger der nachfolgenden wären, so würde das eine Ungerechtigkeit der Gottheit sein. Eine solche gleichsam mediatisierte (abgesetzte) Generation würde an und für sich eine Bedeutung nicht haben; sie würde nur sofern etwas bedeuten, als sie die Stufe der nachfolgenden Generation wäre, und würde nicht in unmittelbarem Bezug zum Göttlichen stehen. Ich aber behaupte: *Jede Epoche ist unmittelbar zu Gott*, und ihr Wert beruht gar nicht auf dem, was aus ihr hervorgeht, sondern in ihrer Existenz selbst - in ihrem eigenen Selbst.«

Ranke lehnt den Fortschritt in der Geschichte der Menschheit ab, weil alle Epochen unmittelbar auf Gott zurückgehen und daher keine vollkommener sein kann als die andere.

Was haben wir anderes unter einer Epoche im rankeschen Sinne zu verstehen als eine zusammengehörige Gruppe menschlicher Umwelten innerhalb eines begrenzten Zeitabschnittes?

Daraus darf man schließen, dass jede Umwelt dieser Gruppe unmittelbar auf Gott zurückgeht, weil alle Umwelten zur gleichen Komposition gehören, deren Komponisten Ranke als Gott bezeichnet.

Nun ist ja für jeden Materialisten das Wort »Gott« ein rotes Tuch, während er eine durch Zufall im Lauf von ungeheuren Zeiträumen entstandene Komposition anerkennen würde, wenn man ihm nur zugestehen wollte, dass Kraft und Stoff seit Anbeginn der Welt sich gleich geblieben sind und das Gesetz der Erhaltung der Energie ewige und allgemeine Geltung habe.

Am Anfang meiner Erörterungen habe ich gezeigt, dass die Erforschung der Umwelten in erster Linie die Inkonstanz der Objekte beweist, die in jeder Umwelt mit ihrer Bedeutung auch ihre Gestalt wechseln. Der gleiche Blumenstängel wurde in vier Umwelten zu vier verschiedenen Gegenständen.

Es erübrigt nur noch anhand der bereits angeführten Beispiele zu zeigen, dass auch die Konstanz der Materie eine Illusion ist. Die Eigenschaften des Stoffes eines Gegenstandes sind abhängig von den Sinnesskalen desjenigen Subjektes, dessen Umwelt gerade unsere Untersuchung gilt.

Gesetzt den Fall, wir untersuchen die gelbe Farbe einer Blume, auf die sich eine Biene setzt, so können wir jetzt mit Sicherheit sagen, dass die Blume in der Umwelt der Biene nicht gelb ist (wahrscheinlich ist sie rot), weil die Farbenskala des Bienenauges einer anderen Ätherwellenskala entspricht wie die Farbenskala unseres Auges. Ebenso wissen wir, dass die Tonskala des Nachtschmetterlings, die Duftskala einer Zecke, die Geschmacksskala eines Regenwurms und die Formskalen der meisten Wirbellosen durchaus andere sind als die menschlichen. Selbst die Härteskala muss für jene Schlupfwespen, die das festeste Tannenholz wie Butter durchbohren, eine ganz andere sein.

Keine einzige Eigenschaft der Materie bleibt konstant, während wir die Reihe der Umwelten durchlaufen. Jeder von uns beobachtete Gegenstand wechselt nicht bloß seinen Bedeutungston, sondern auch den

Aufbau all seiner Eigenschaften, sowohl der stofflichen wie der formalen, von Umwelt zu Umwelt.

Die Materie ist in der menschlichen Umwelt der *rocher de bronze*, auf dem das Weltall zu ruhen scheint, und gerade sie verflüchtigt sich von einer Umwelt zur anderen.

Nein!, die Konstanz der Materie, auf die die Materialisten pochen, ist keine solide Basis für eine umfassende Weltanschauung.

Viel besser begründet als die Konstanz der Objekte ist die Konstanz der Subjekte. Aber die Subjekte bestehen doch auch aus Materie, werden die Materialisten einwerfen. Das ist richtig - aber die Materie der Körper, die den Subjekten eignet, muss von Generation zu Generation neu aufgebaut werden.

Was das einzelne Individuum von seinen Eltern an Materie mitbekommt, ist äußerst gering, nämlich eine teilungsfähige Keimzelle und eine Klaviatur von Reizkörperchen, den sogenannten Genen, die bei jeder Zellteilung von beiden Tochterzellen übernommen wird. Denn diese Klaviatur ermöglicht es den formbildenden Melodien, auf ihr wie auf den Tasten eines Klaviers zu spielen und damit die Gestaltbildung zu vollziehen. Jedes in Aktion gesetzte Reizkörperchen greift als differenzierter Impuls in das Protoplasma seiner Zelle strukturbildend ein.

Die formbildenden Melodien, die auf diese Weise Struktur gewinnen, entnehmen ihre Motive den formbildenden Melodien anderer Subjekte, denen sie auf ihren Lebensbühnen begegnen werden.

Wäre nicht die Blume bienenhaft,
Wäre nicht die Biene blumenhaft,
Der Einklang würde nie gelingen.

Bald werden die Motive dem Nahrungskreis, bald dem Feindeskreis, bald dem Geschlechtskreis entnommen. Aus dem Kreis des Mediums entnimmt die Formbildungsmelodie ihre meisten Motive, so ist der Aufbau unseres Auges sonnenhaft und der Aufbau des Ahornblattes mit seinen Träufelrinnen regenhaft.

Dank der Übernahme fremder Motive gestaltet sich der Körper eines jeden Subjektes zu einem Bedeutungsempfänger jener Bedeutungsträger, deren Bildungsmelodien als Motive in seinem Körper Gestalt gewonnen haben.

Die Blume wirkt deshalb als ein Bündel von Kontrapunkten auf die Biene ein, weil ihre an Motiven reiche Bildungsmelodie bei der Gestaltbildung der Biene mitgewirkt hat und umgekehrt.

Die Sonne strahlt nur deshalb von meinem Himmel auf mich herab, weil sie, unser wichtigster Naturkomponent, als Hauptmotiv in die Komposition meines Auges eintrat.

Gerade so groß der Einfluss der Sonne auf die Augenbildung eines Tieres ist, so groß und strahlend oder so klein und unwichtig erscheint sie an dem Umwelthimmel eines Auges, an dessen Ausbildung sie (wie beim Maulwurf) geringen Anteil nahm.

Nehmen wir statt der Sonne den Mond, so können wir auch hier sagen, so weit die Bedeutung des Mondes für das Auge eines Tieres reicht, genau so weit reicht auch seine Bedeutung als Motiv bei der Formbildung des Auges.

So weit die Bedeutung der Säugetiere in der Umwelt der Zecke reicht, so weit ist auch die Formbildungsmelodie der Säugetiere als Motiv an der Formbildung der Zecke beteiligt, nämlich als Duft der Buttersäure, als Widerstand der Haare, als Wärme und als Durchdringbarkeit der Haut.

Dass die Säugetiere Tausende anderer Eigenschaften besitzen, ist für die Zecke völlig gleichgültig. Nur diejenigen Eigenschaften, die allen Säugetieren gemeinsam sind, treten als Motive bei der Gestaltung der Zecke auf, sowohl was ihre Merkorgane wie ihre Wirkorgane betrifft.

Wir werden immer wieder irregeführt, wenn wir das Maß unserer Welt in die Beurteilung der Tierwelten einführen wollen. Ich könnte aber behaupten, die gesamte Natur sei als Motiv an der Ausbildung meiner Persönlichkeit beteiligt, was meinen Körper wie meinen Geist betrifft – wenn das nicht der Fall wäre, würden mir die Organe fehlen, um die Natur zu erkennen. Ich kann das auch bescheidener ausdrücken und sagen: So weit die Natur mich in eine ihrer Kompositionen aufgenommen hat, so weit werde ich ihrer teilhaftig sein. Dann bin ich eben nicht ein Erzeugnis der gesamten Natur, sondern nur das Erzeugnis der Menschennatur, über die hinaus mir keine Erkenntnis gegönnt ist. Ebenso wie die Zecke nur ein Erzeugnis der Zeckennatur ist, bleibt der Mensch an seine Menschennatur gebunden, aus der jedes Individuum immer von Neuem hervorgeht.

Unser Vorzug vor den Tieren besteht darin, dass wir den Umkreis der angeborenen Menschennatur erweitern können. Zwar können wir keine neuen Organe schaffen, wir können aber unsere Organe mit Hilfsmitteln versehen. Sowohl Merkzeuge wie Werkzeuge haben wir geschaffen, die jedem von uns, der sie anzuwenden versteht, die Möglichkeit bieten, seine Umwelt zu vertiefen und zu erweitern. Aus dem Umkreis der Umwelt führt keines hinaus.

Nur die Erkenntnis, dass alles in der Natur seiner Bedeutung gemäß erschaffen ist und dass alle Umwelten als Stimmen in die Weltpartitur hineinkomponiert sind, eröffnet uns einen Weg, der aus der Enge der eigenen Umwelt hinausführt.

Nicht das Aufblasen unseres Umweltraumes um Millionen von Lichtjahren hebt uns über uns selbst hinaus, wohl aber die Erkenntnis, dass außer unserer persönlichen Umwelt auch die Umwelten unserer menschlichen und tierischen Mitbrüder in einem allumfassenden Plan geborgen sind.

12. Zusammenfassung und Schluss

Wenn wir den Körper eines Tieres mit einem Hause vergleichen, so haben bisher die Anatomen die Bauweise und die Physiologen die im Hause befindlichen maschinellen Anlagen genau studiert. Auch haben die Ökologen den Garten, in dem sich das Haus befindet, abgegrenzt und untersucht.

Man hat aber den Garten immer so geschildert, wie er sich unseren menschlichen Augen darbietet, und darüber verabsäumt, sich Rechenschaft davon abzulegen, wie sich der Garten ausnimmt, wenn er von dem Subjekt, das das Haus bewohnt, betrachtet wird.

Und dieser Ausblick ist höchst überraschend. Der Garten des Hauses grenzt sich nicht, wie es unserem Auge dünkt, von einer umfassenden Welt ab, von der er nur einen kleinen Ausschnitt darstellt, sondern er ist ringsum von einem Horizont umschlossen, der das Haus zum Mittelpunkt hat. Jedes Haus wird von seinem eigenen Himmelsgewölbe überdeckt, an dem Sonne, Mond und Sterne, die direkt zum Hause gehören, entlangwandeln.

Jedes Haus hat eine Anzahl von Fenstern, die auf den Garten münden - ein Lichtfenster, ein Tonfenster, ein Duftfenster, ein Geschmackfenster und eine große Anzahl von Tastfenstern.

Je nach der Bauart dieser Fenster ändert sich der Garten vom Hause aus gesehen. Er erscheint keineswegs wie der Ausschnitt einer größeren Welt, sondern ist die einzige Welt, die zum Hause gehört - seine Umwelt.

Grundverschieden ist der Garten, wie er unserem Auge erscheint, von dem, der sich den Bewohnern des Hauses darbietet, besonders in Bezug auf die ihn erfüllenden Dinge.

Während wir im Garten Tausend verschiedene Steine, Pflanzen und Tiere entdecken, nimmt das Auge des Hausbewohners nur eine ganz beschränkte Anzahl von Dingen in seinem Garten wahr - und zwar nur solche, die für das Subjekt, das das Haus bewohnt, von Bedeutung sind. Ihre Anzahl kann auf ein Minimum reduziert sein, wie in der

Umwelt der Zecke, in der immer nur das gleiche Säugetier mit einer ganz beschränkten Anzahl von Eigenschaften auftritt. Von all den Dingen, die wir im Umkreis der Zecke entdecken, von den duftenden und farbigen Blumen, den rauschenden Blättern, den singenden Vögeln tritt kein einziges in die Umwelt der Zecke ein.

Ich habe gezeigt, wie der gleiche Gegenstand, in vier verschiedene Umwelten versetzt, vier verschiedene Bedeutungen annimmt und jedes Mal seine Eigenschaften von Grund aus ändert.

Dies ist nur dadurch zu erklären, dass sämtliche Eigenschaften der Dinge im Grunde nichts anderes sind als Merkmale, die ihnen vom Subjekt aufgeprägt werden, zu dem sie in Beziehung treten.

Um das zu verstehen, muss man sich daran erinnern, dass jeder Körper eines Lebewesens aus lebenden Zellen aufgebaut ist, die gemeinsam ein lebendiges Glockenspiel bilden. Die lebende Zelle besitzt eine spezifische Energie, die es ihr ermöglicht, jede an sie herantretende äußere Wirkung mit einem »Ichton« zu beantworten. Die Ichtöne können unter sich durch Melodien verbunden werden und bedürfen nicht eines mechanischen Zusammenhanges ihrer Zellkörper, um aufeinander einzuwirken.

In ihren Grundzügen ähneln sich die Körper der meisten Tiere darin, dass sie als Grundstock Organe besitzen, welche dem Stoffwechsel dienen und die aus der Nahrung gewonnene Energie der Lebensleistung zuführen. Die Lebensleistung des Tiersubjektes als Bedeutungsempfänger besteht im Merken und Wirken.

Gemerkt wird mithilfe der Sinnesorgane, die dazu dienen, die allerseits eindringenden Reize zu sortieren, die unnötigen abzublenden und die dem Körper dienlichen Reize in Nervenerregung zu verwandeln, die, im Zentrum angelangt, das lebende Glockenspiel der Hirnzellen erklingen lässt. Die dabei ansprechenden Ichtöne dienen als Merkzeichen des äußeren Geschehens. Sie werden je nachdem, ob sie Hörzeichen, Sehzeichen, Riechzeichen und so weiter sind, als entsprechende Merkmale der jeweiligen Reizquelle aufgeprägt.

Zugleich induzieren die im Merkorgan anklingenden Zellglocken die Glocken im zentralen Wirkorgan, die ihre Ichtöne als Impulse hinaussenden, um die Bewegungen der Muskeln der Effektoren auszulösen und zu dirigieren. Es ist also eine Art musikalischen Vorganges, der, von den Eigenschaften des Bedeutungsträgers ausgehend, wieder zu ihm zurückführt. Deshalb ist es zulässig, sowohl die rezeptorischen wie die effektorischen Organe des Bedeutungsempfängers mit den entsprechenden Eigenschaften des Bedeutungsträgers als Kontrapunkte zu behandeln.

Wie man sich stets von Neuem überzeugen kann, ist bei den meisten Tieren ein sehr verwickelter Körperbau die Voraussetzung, um das Subjekt mit seinem Bedeutungsträger reibungslos zu verbinden.

Der Körperbau ist niemals von Anfang an vorhanden, sondern ein jeder Körper beginnt seinen Aufbau als eine einzige Zellglocke, die sich teilt und sich zu einem tönenden Glockenspiel gliedert nach einer bestimmten Gestaltungsmelodie.

Wie ist es möglich, dass zwei Dinge so verschiedenen Ursprunges, wie es zum Beispiel die Hummel und die Blüte des Löwenmaules sind, so gebaut sind, dass sie in allen Einzelheiten ineinander passen? Offenbar dadurch, dass die beiden Gestaltungsmelodien sich gegenseitig beeinflussen – dass die Melodie des Löwenmaules als Motiv in die Melodie der Hummel eingreift und umgekehrt. Was für die Biene galt, gilt auch für die Hummel: Wäre nicht ihr Körper blumenhaft, sein Aufbau würde nie gelingen.

Mit der Anerkennung dieses Kardinalsatzes der Naturtechnik ist die Frage, ob es einen Fortschritt von Unvollkommenerem zu Vollkommenerem gibt, bereits in negativem Sinne entschieden. Denn wenn fremde Bedeutungsmotive allseitig eingreifend den Aufbau der Tiere gestalten, so ist nicht abzusehen, was daran eine noch so große Abfolge von Generationen ändern könnte.

Wenn wir die Ahnenspekulation hinter uns lassen, betreten wir den soliden Boden der Naturtechnik. Aber hier erwartet uns eine große Enttäuschung. Die Erfolge der Naturtechnik liegen offen vor unsern Augen da, aber ihre Melodienbildung ist für uns gänzlich unerforschlich.

Das hat die Naturtechnik mit der Entstehung eines jeden Kunstwerkes gemein. Wir sehen wohl, wie die Hand des Malers Farbfleck an

Farbfleck auf die Leinwand setzt, bis das Gemälde fertig vor uns dasteht, aber die Gestaltungsmelodie, die die Hand bewegte, bleibt uns völlig unerkennbar.

Wir können wohl verstehen, wie eine Spieluhr ihre Melodien erklingen lässt, aber wir werden nie verstehen, wie eine Melodie ihre Spieluhr erbaut.

Gerade darum handelt es sich bei der Entstehung eines jeden Lebewesens. In jeder Keimzelle liegt das Material da, auch die Tastatur ist in den Genen vorhanden. Es fehlt nur die Melodie, um die Gestaltung zu vollbringen. Woher stammt sie?

In jeder Spieluhr befindet sich eine Walze, die mit Stiften besetzt ist. Beim Drehen der Walze schlagen die Stifte an Metallzungen von verschiedener Länge und erzeugen Luftschwingungen, die unser Ohr als Töne wahrnimmt.

Ein jeder Musiker wird mit Leichtigkeit in der Stellung der Stifte auf der Walze die Partitur der Melodie wiedererkennen, die von der Spieluhr gespielt wird.

Denken wir uns für den Augenblick den menschlichen Verfertiger der Spieluhr fort und nehmen wir an, sie sei ein Naturerzeugnis, so werden wir sagen können, wir haben es hier mit einer körperlichen, dreidimensional ausgebildeten Partitur zu tun, die offenbar aus der Melodie selbst herauskristallisiert ist, weil die Melodie den Bedeutungskeim der Spieluhr darstellt, dem alle ihre Teile entstammen, vorausgesetzt, dass genügendes und fügsames Material vorhanden ist.

Im Nationalmuseum von Stockholm befindet sich ein kleines Bild von Ivar Arosenius,[33] *Jul* (»Weihnachten«) zubenannt, das eine zarte, junge Mutter darstellt mit ihrem Kind auf dem Schoß. Über der Mutter schwebt ein feiner, leichter Heiligenschein. Es ist eine einfache Dachstube, in der diese rührende, kleine Madonna sitzt. Alles um sie herum ist ganz alltäglich, aber alle Gegenstände vor ihr auf dem Tisch, die Lampe, der Vorhang, die Kommode mit dem Geschirr, wirken als stimmungsvolle Motive, um die rührende, kleine Heiligkeit zu steigern.

Das Bild ist so vollkommen durchkomponiert, dass man den Maler darüber vergisst und ein kleines Naturwunder zu sehen glaubt. Hier lautet der Bedeutungskeim: »Madonna«. Aus ihm ergeben sich alle anderen Dinge von selbst wie bei einer melodischen Kristallbildung. Zugleich glaubt man in eine reine Umwelt zu schauen, in der es keine fremden Zutaten gibt. Alles hängt ineinander wie Punkt und Kontrapunkt.

Nur ein weniges, aber fügsames Material – ein wenig Leinwand und ein paar gedämpfte Farben – war nötig, um dies kleine Kunstwerk herauskristallisieren zu lassen. Die Menge des Materials spielt eine ganz nebensächliche Rolle. Mit mehr oder weniger Material in größerem oder kleinerem Umfang hätte der Künstler das gleiche Resultat erzielen können.

Aber ein anderer Künstler hätte mit dem gleichen Material aus dem gleichen Bedeutungskeim »Madonna« ein völlig anderes Madonnenbild hervorgehen lassen.

Nun wollen wir die Entstehung eines Kunstwerkes dazu benutzen, um aufzuzeigen, inwiefern die Entstehung eines Lebewesens gleichartig verläuft.

Es besteht kein Zweifel, dass wir eine Eichel als Bedeutungskeim der Eiche und ein Ei als Bedeutungskeim des Huhnes ansprechen dürfen. Das Material ist in beiden Fällen das fügsamste, das die Natur besitzt, nämlich lebendes Protoplasma, das jeder Formbildung, wenn sie von Ichtönen ausgeht, nachgibt und jede Form zu bewahren imstande ist.

Die Eiche kristallisiert, vom Bedeutungskeim der Eichel ausgehend, ebenso sicher heraus wie das Huhn aus dem Ei – aber wie geschieht das?

Es legen sich, wie bereits ausgeführt, immer neue Organknospen an, die sich völlig selbständig ausbilden. In jeder Organknospe befindet sich ein Bedeutungskeim, der aus dem ihm gebotenen Material das fertige Organ herauskristallisieren lässt. Entfernt man einen Teil des Baumaterials, so wird das Organ wohl in allen Einzelheiten genau ausgebildet werden, aber von geringerer Größe sein als die normalen Organe. Braus[34] hat gezeigt, dass die Kugel des Schultergelenkes nicht mehr in die Pfanne passt, wenn diese aus Mangel an Bildungsstoff nicht die normale Größe erreicht.

Und Spemann hat, wie wir gesehen haben, erwiesen, dass eine neu eingesetzte Organknospe einer andern Tierart wohl den der Lage im Körper entsprechenden Bedeutungskeim erhält, der aber ein völlig anderes Organ hervorgehen lässt, das wohl dem Stammtier, aber nicht dem Wirtstier dienlich sein kann, weil beide Tiere die gleiche Funktion in völlig anderer Art ausführen. In beiden Fällen war die Fressfunktion der Bedeutungskeim, aber der Frosch frisst andere Nahrung als Triton.

So werden zwei Madonnenbilder, wenn sie von zwei verschiedenen Malern stammen, wohl den gleichen Bedeutungskeim haben und sich dennoch nicht gleichen.

Sobald die Organe sich zur gemeinsamen Körperfunktion zusammengefunden haben, kommen Fehlbildungen aus Mangel an Baumaterial, wie sie Braus feststellte, nicht mehr vor. Wessely[35] konnte zeigen, dass bei jungen Kaninchen, die ihre Augenlinse in vergrößertem oder verkleinertem Maßstabe regenerieren, die sämtlichen am Sehakt beteiligten Organe sich in gleichem Maße vergrößern oder verkleinern, sodass in jedem Fall die Funktion des Sehens ungestört weiter verläuft. Auch hier ist es die Bedeutung, die den Umbau leitet.

Dass es wirklich die Bedeutung ist, die die Regeneration beherrscht, geht schlagend aus einem Versuch Nissls[36] hervor. Die Schädeldecke der Säugetiere hat unzweifelhaft die Bedeutung einer festen Schutzdecke für das darunter liegende Großhirn. Die Schädeldecke wird bei jungen Kaninchen auch anstandslos regeneriert, solange das Großhirn nicht verletzt wird. Wird dagegen das halbe Großhirn operativ entfernt, so regeneriert die darüber liegende Schädeldecke nicht mehr. Sie hat ihre Bedeutung verloren. Eine einfache Vernarbung genügt in diesem Fall.

Wie man sieht, tritt die Bedeutung überall als entscheidender Naturfaktor auf, in immer neuen und überraschenden Formen.

Lassen wir die Umwelten vor unserem geistigen Auge Revue passieren, so finden wir in den Gärten, die die Körperhäuser der Subjekte umgeben, die wunderlichsten Gestalten, die als Bedeutungsträger dienen, deren Deutung oft große Schwierigkeiten bietet. Man erhält dadurch den Eindruck, dass die Bedeutungsträger Geheimzeichen oder Symbole darstellen, die nur von den Individuen der gleichen Art verstanden werden, für die Mitglieder fremder Arten aber völlig unverständlich bleiben.

Der Umriss und die Wasserströme der Teichmuschel liefern das Liebessymbol des Bitterlings. Der Geschmackwechsel von Spitze und Stiel der Blätter wird zum Formsymbol für den Regenwurm. Der gleiche Ton wird zum Freundessymbol für die Fledermaus und zum Feindessymbol für den Nachtschmetterling, und so fort in unabsehbarer Reihe.

Haben wir uns durch die überwältigende Menge an Beispielen schließlich davon überzeugt, dass grundsätzlich jede Umwelt nur von Bedeutungssymbolen erfüllt ist, so drängt sich uns die zweite noch überraschendere Tatsache auf, dass jedes Bedeutungssymbol eines Subjektes zugleich ein Bedeutungsmotiv für die Körpergestaltung des Subjektes ist.

Das Körperhaus ist einerseits der Erzeuger der Bedeutungssymbole, die seinen Garten bevölkern, und andererseits das Erzeugnis der gleichen Symbole, die als Motive in den Hausbau eingreifen.

Dem Augenfenster des Hauses verdankt die Sonne ihren Schein und ihre Gestalt droben am Himmel, der den Garten überwölbt. Sie ist aber zugleich das Motiv für den Aufbau des Augenfensters.

Dies gilt für Tiere und Menschen und kann seinen Grund nur darin haben, dass es der gleiche Naturfaktor ist, der in beiden Fällen in die Erscheinung tritt.

Nehmen wir an, durch irgendein Naturereignis seien die Nachtschmetterlinge ausgestorben und wir wären vor die Aufgabe gestellt, mithilfe der Naturtechnik diesen Ausfall aus der Tastatur des Lebens zu ersetzen. Wie würden wir dabei vorgehen?

Wir würden voraussichtlich einen Tagesfalter nehmen und ihn auf die in der Nacht blühenden Blumen umdressieren, wobei das größere Gewicht auf die Ausbildung der Riechfühler als auf die Ausbildung der Augen gelegt werden müsste.

Da die neuen Nachtschmetterlinge aber wehrlos den fluggewandten Fledermäusen ausgeliefert wären, muss ein Erkennungszeichen für diesen Feind geschaffen werden, das es der Mehrzahl der Schmetterlinge ermöglicht, rechtzeitig dem Feinde zu entgehen.

Als Feindsymbol ist der Pieplaut der Fledermaus am besten zu verwenden, weil ihn die Fledermaus als Freundessymbol stets verwendet.

Um den Pieplaut wahrnehmen zu können, muss der Schmetterling umgebaut werden und ein Gehörorgan erhalten, das ihn mit dem Feindsymbol in Beziehung setzt. Das will sagen, dass das Symbol als Motiv in den Aufbauplan eintritt.

Wäre nicht der Nachtfalter fledermaushaft,
Sein Leben wäre bald beendet.

Man kann sich wohl denken, dass die Zecke entstanden ist, um eine Lücke in der Naturtastatur auszufüllen. In diesem Falle wäre der aus den allgemeinen Säugetiereigenschaften bestehende Bedeutungsträger zugleich Symbol für die Beute und Motiv im Bauplan der Zecke.

Nun versuchen wir es zum Schluss, unser eigenes Körperhaus mit dem dazugehörigen Garten von außen zu betrachten. Wir wissen jetzt, dass unsere Sonne an unserem Himmel mitsamt dem Garten, der erfüllt ist von Pflanzen, Tieren und Menschen, nur Symbole sind einer allumfassenden Naturkomposition, die alles nach Rang und Bedeutung ordnet.

Wir gewinnen durch diesen Überblick auch die Kenntnis von den Grenzen unserer Welt. Zwar können wir durch immer feinere Apparate allen Dingen zu Leibe gehen, aber wir gewinnen dabei kein Sinnesorgan mehr, und alle Eigenschaften der Dinge, auch wenn wir sie in die letzten Einzelheiten zerlegen – in Atome und Elektronen –, bleiben immer nur Merkmale unserer Sinne und Vorstellungen.

Wir wissen, dass diese Sonne, dieser Himmel und diese Erde mit unserem Tode verschwinden werden; weiterleben werden sie in ähnlichen Formen in den Umwelten kommender Geschlechter.

Es gibt nicht nur die beiden Mannigfaltigkeiten von Raum und Zeit, in denen sich die Dinge ausbreiten können. Es gibt noch die Mannigfaltigkeit der Umwelten, in der sich die Dinge in immer neuen Formen wiederholen.

All die zahllosen Umwelten liefern in der dritten Mannigfaltigkeit die Klaviatur, auf der die Natur ihre überzeitliche und überräumliche Bedeutungssymphonie spielt.

Uns ist während unseres Lebens die Aufgabe zugewiesen, mit unserer Umwelt eine Taste in der riesenhaften Klaviatur zu bilden, über die eine unsichtbare Hand spielend hinübergleitet.

Anmerkungen

1 Siehe Friedrich Brock, *Verzeichnis der Schriften Jakob Johann v. Uexkülls und der aus dem Institut für Umweltforschung zu Hamburg hervorgegangenen Arbeiten*, Sudhoffs Archiv f. Gesch. d. Medizin u. d. Naturwiss. Bd. 27, H. 3–4, Leipzig 1934.

2 Reflex bedeutet ursprünglich das Auffangen und Zurückwerfen eines Lichtstrahls durch einen Spiegel. Auf die Lebewesen übertragen, versteht man unter Reflex das Auffangen eines äußeren Reizes durch einen Rezeptor und die vom Reiz bewirkte Beantwortung durch die Effektoren des Lebewesens. Dabei wird der Reiz in Nervenerregung verwandelt, die mehrere Stationen zu passieren hat, um vom Rezeptor zum Effektor zu gelangen. Der dabei zurückgelegte Weg wird als Reflexbogen bezeichnet.

3 Johannes Müller (1801–1858), Begründer der neuzeitlichen Physiologie, Naturphilosoph. (Anm. d. Red.)

4 Die Zecke ist in jeder Hinsicht für eine lange Hungerperiode gebaut. Die Samenzellen, die das Weibchen während seiner Wartezeit beherbergt, bleiben in Samenkapseln gebündelt liegen, bis das Säugetierblut in den Magen der Zecke gelangt – dann befreien sie sich und befruchten die Eier, die im Eierstock ruhten. Im Gegensatz zur vollendeten Einpassung der Zecke in ihr Beuteobjekt, das sie endlich ergreift, steht die äußerst geringe Wahrscheinlichkeit, dass dies trotz langer Wartezeit wirklich geschieht. Bodenheimer hat ganz recht, wenn er von einer *pessimalen*, d. h. denkbar ungünstigen Welt redet, in der die meisten Tiere leben. Nur ist diese Welt nicht ihre Umwelt, sondern ihre Umgebung. *Optimale*, d. h. denkbar günstige *Umwelt* und *pessimale Umgebung* wird als allgemeine Regel gelten können. Denn es kommt immer darauf an, dass die Art erhalten bleibe, mögen noch so viele Einzelindividuen zugrunde gehen. Wäre die Umgebung bei einer Art nicht pessimal, so würde sie dank ihrer optimalen Umwelten das Übergewicht über alle anderen Arten erlangen.

5 Den Beweis dafür liefert das Kino. Bei der Vorführung eines Filmstreifens müssen die Bilder ruckweise nacheinander vorspringen und dann stillstehen. Um sie in voller Schärfe zu zeigen, muss das ruckweise Vorspringen durch Vorbeiführen eines Schirmes unsichtbar gemacht werden.

Die Verdunkelung, die dabei auftritt, wird von unserem Auge nicht wahrgenommen, wenn das Stillstehen des Bildes und seine Verdunkelung innerhalb einer Achtzehntelsekunde geschieht. Wird die Zeit länger genommen, so entsteht das unleidliche Flimmern.

6 Elias von Cyon (1843–1912), russischer Physiologe, Entdecker wichtiger Nerven und Nervenfunktionen. (Anm. d. Red.)

7 Ernst Heinrich Weber (1795–1878), Mitbegründer der modernen Physiologie und der experimentellen Psychologie, Untersuchungen über den Tastsinn der Haut. (Anm. d. Red.)

8 Hermann von Helmholtz (1821–1894), Physiologe und Physiker, Erfinder des Augenspiegels, Vorkämpfer der maxwellschen Wellentheorie, formulierte den Energieerhaltungssatz endgültig aus. (Anm. d. Red.)

9 Siegmund Exner-Erwarten (1846–1926), österreichischer Physiologe, lieferte wichtige Arbeiten auf physiologisch-optischem Gebiet sowie über die Funktion der Großhirnrinde. (Anm. d. Red.)

10 Karl Ernst von Baer (1792–1876), Zoologe, Begründer einer modernen, von der darwinschen abweichenden Entwicklungslehre, entdeckte die menschliche Eizelle. (Anm. d. Red.)

11 Jean-Henri Fabre (1823–1915), französischer Insektenforscher. (Anm. d. Red.)

12 Konrad Lorenz (1903–1989), Zoologe und Tier-Psychologe, Träger des Nobelpreises für Physiologie und Medizin 1973. (Anm. d. Red.)

13 Leo Frobenius (1873–1938), Ethnologe und Afrikaforscher. (Anm. d. Red.)

14 Die kurze Einleitung zur *Bedeutungslehre*, eine temperamentvolle Auseinandersetzung Jakob von Uexkülls mit seinem großen wissenschaftlichen Gegner, dem Zoologen Max Hartmann (1876–1962), ist sachlich nur für Fachpersonal interessant, weshalb wir hier auf ihren Abdruck verzichten. (Anm. d. Red.)

15 Emanuel Georg Sarris (1899–1971), Promotionsstudent Uexkülls, Tierpsychologe, Pädagoge. (Anm. d. Red.)

16 Werner Sombart, (1863–1941), Soziologe und Volkswirt (Anm. d. Red.).

17 Hier handelt es sich wahrscheinlich um Arthur Arndt, nicht, wie in den bisherigen Ausgaben angemerkt, um den Zoologen und Mediziner Walter Arndt (1891–1944). (Anm. d. Red.)

18 Hans Driesch (1867-1941), deutscher Philosoph und Biologe, Schüler und später Gegner Ernst Haeckels, zentraler Vertreter des Neovitalismus. (Anm. d. Red.)

19 Hans Spemann (1869-1941), Zoologe, Träger des Nobelpreises für Medizin 1935, Vertreter der experimentellen Entwicklungsforschung. (Anm. d. Red.)

20 Sir Arthur Stanley Eddington (1882-1944), englischer Astronom und Physiker, war einer der führenden Vertreter der Relativitätstheorie. (Anm. d. Red.)

21 Tropismus = gesetzmäßige, gerichtete Bewegung bei Pflanzen und niederen Tieren als Reaktion auf bestimmte Reize. (Anm. d. Red.)

22 Jacques Loebs (1859-1924), Mitbegründer der Physiologie. (Anm. d. Red.)

23 Ewald Hering (1834-1918), Physiologe, arbeitete besonders über den Raumsinn des Auges und die Farbempfindung. (Anm. d. Red.)

24 Mathilde Hertz (1891-1975), Biologin im Bereich der Tierpsychologie und Sinnesphysiologie. (Anm. d. Red.)

25 Friedrich Eggers (1888-1946), Zoologe. (Anm. d. Red.)

26 Wilhelm Wunder (1898-1991), Zoologe und Ichthyologe. (Anm. d. Red.)

27 Otto August Mangold (1891-1962), Zoologe, Schüler von Spemann, arbeitet u. a. über embryonale Zellen. (Anm. d. Red.)

28 Herbert Spencer (1820-1903), englischer Philosoph und Soziologe, Begründer des Evolutionismus, eines Vorläufers des Sozialdarwinismus. (Anm. d. Red.)

29 Karl von Frisch (1886-1982), Zoologe und Verhaltensforscher, gemeinsam mit Konrad Lorenz und Nikolaas Tinbergen Träger des Nobelpreises für Physiologie und Medizin 1973. (Anm. d. Red.)

30 Jean Baptiste Antoine Pierre de Monet, Chevalier de Lamarck (1744-1829), französischer Zoologe und Botaniker, entwickelte erste Abstammungslehre, vertrat Überzeugung von der Vererbbarkeit erworbener Eigenschaften. (Anm. d. Red.)

31 Ernst Haeckel (1834-1919), Zoologe und Philosoph, Anhänger Darwins, gilt als Wegbereiter der Eugenik und Rassenhygiene. (Anm. d. Red.)

32 Leopold von Ranke (1795-1886), Historiker. (Anm. d. Red.)

33 Ivar Arosenius (1878-1909), schwedischer Maler und Bilderbuchautor. (Anm. d. Red.)

34 Hermann Braus (1868–1924), Naturwissenschaftler und Mediziner, Mitbegründer der Entwicklungsmechanik. (Anm. d. Red.)
35 Karl Wessely (1874–1953), Ophthalmologe. (Anm. d. Red.)
36 Franz Nissl (1860–1919), Psychiater, erforschte die pathologischen Veränderungen insbesondere der Ganglienzellen. (Anm. d. Red.)

Bibliografie

Clark, Andy, *Being There. Putting Brain, Body, and World Together Again*, Cambridge, MA, u. London 1996.

Dewey, John, »The Reflex Arc Concept in Psychology (1896)«, in: Larry A. Hickman u. Thomas M. Alexander (Hg.), *The Essential Dewey*, Bd. 2: *Ethics, Logic, Psychology*, Bloomington u. Indianapolis 1998, S. 3–10; dt. unter dem Titel »Die Elementareinheit des Verhaltens«, in: John Dewey, *Philosophie und Zivilisation*, Frankfurt am Main 2003, S. 230–244.

Gibson, James J., *The Ecological Approach to Visual Perception*, New York u. London 2014.

Kull, Kalevi, »Jakob von Uexküll: An Introduction«, in: *Semiotica* 134, 1/4 (2001), S. 1–59.

Nagel, Thomas, »What Is It Like to Be a Bat?«, in: *The Philosophical Review* 83, 4 (1974), S. 435–450; dt. unter dem Titel »Wie ist es, eine Fledermaus zu sein?«, in: Peter Bieri (Hg.), *Analytische Philosophie des Geistes*, Weinheim u. Basel 2007, S. 261–275.

Schnödl, Gottfried u. Sprenger, Florian, *Uexkülls Umgebungen. Umweltlehre und rechtes Denken*, Lüneburg 2021.

Uexküll, Jakob Johann Baron von, *Umwelt und Innenwelt der Tiere*, neu hrsg., kommentiert u. mit einem Nachwort versehen von Florian Mildenberger u. Bernd Herrmann, Berlin u. Heidelberg 2014.

Jakob Johann Baron von Uexküll, 1864 im heutigen Lääneranna, Estland, in eine deutschbaltische Familie geboren, ging in Coburg und Reval zur Schule, studierte dann Physiologie/Zooglogie in Heidelberg und forschte u. a. in Neapel, Paris und Monaco. Er entwickelte das Grundgerüst der Biosemiotik und führte den Begriff der Umwelt in die Biologie ein. Er war ein Pionier der theoretischen Biologie und der Kybernetik und gilt als Wegbereiter der Ökologie und einer der wichtigsten Zoologen des 20. Jahrhunderts. Uexküll starb 1944 auf Capri.

Matthias Jung, 1960 geboren, unterrichtet nach einem Studium der Philosophie und katholische Theologie in Frankfurt/Main und Lehrtätigkeiten sowie Studienaufenthalten in Chemnitz, Erfurt, Jena, Bochum, Atlanta und St. Louis, USA, seit 2010 als Professor für Philosophie an der Universität Koblenz-Landau, Campus Koblenz. Seine Arbeitsschwerpunkte sind philosophische Anthropologie, Kognitionswissenschaft, Moralbegründung und Religionsphilosophie.

Dieser Ausgabe liegt die Publikation des Rowohlt Taschenbuch Verlags GmbH in der Reihe »Rowohlts deutsche Enzyklopädie. Das Wissen des 20. Jahrhunderts im Taschenbuch mit enzyklopädischem Stichwort«, herausgegeben von Prof. Ernesto Grassi, aus dem Jahr 1956 zugrunde. Der in diesem Band abgedruckte Text von Jakob von Uexküll ist eine vollständige und durchgesehene Ausgabe.

Erste Auflage Berlin 2023

Batterien NF 110

Großbeerenstraße 57A, 10965 Berlin
info@matthes-seitz-berlin.de

Satz: Tom Mrazauskas, Berlin
Druck und Bindung: GGP Media GmbH, Pößneck

ISBN 978-3-95757-683-5

www.matthes-seitz-berlin.de

THOMAS ROBERT MALTHUS

Das Bevölkerungsgesetz

Übersetzt von Christian M. Barth
217 Seiten, Broschur

Der Entdecker der »Bevölkerungsfalle« neu gelesen: ein Klassiker der Nationalökonomie aus dem Giftschrank der Ideengeschichte. Seinen Kritikern galt er als Vertreter eines brutalen Sozialdarwinismus, seinen Bewunderern als wirtschaftswissenschaftlicher Realist. Die einen beschimpften ihn als Apologeten einer Ausbeutung bis zum Tode, andere sahen ihn als Vordenker des staatlichen Interventionismus gegen die Willkür der Marktgesetze. Von seinen Zeitgenossen Darwin, Ricardo und Shelley, über Marx und Keynes bis Foucault ist die Auseinandersetzung mit Malthus ein konstanter Topos der kritischen Sozialwissenschaften. In Zeiten der Klimakrise und zunehmender Migrationsbewegungen ist Malthus' Hauptwerk *Das Bevölkerungsgesetz* wieder brandaktuell. Nicht weil er die Antworten auf die Probleme unserer Gegenwart zu liefern vermag, sondern weil das berühmt-berüchtigte Paradigma vom Zusammenhang von Bevölkerungsgröße und Armut auf ihn zurückgeht. Ein gefährlicher Klassiker, der heute mehr denn je nach einer Neulektüre verlangt.

Bernhard Laum

Heiliges Geld. Eine historische Untersuchung über den sakralen Ursprung des Geldes

329 Seiten, gebunden mit Schutzumschlag

Heiliges Geld ist die lange vergriffene Studie, die bis heute in ihrem Quellen- und Gedankenreichtum unerreicht der Theorie des religiösen Ursprungs von Geld und dessen außerökonomischer Bedeutung nachgeht. Der Altertumswissenschaftler und Wirtschaftshistoriker Bernhard Laum entwickelt darin zwanzig Jahre nach Georg Simmels *Philosophie des Geldes* umfassend den Gedanken, dass sich Geld aus einer Art »religiösem Handel« heraus entwickelt habe und dass jedes Nachdenken über das Phänomen Geld nur sinnvoll sei, wenn es seiner Geschichte nachgehe. Er findet die Geburt des Geldes im Opferkult, untersucht prämonetäre Geldformen und die Entstehung der Münze. Er weist nach, dass Geld ein »Geschöpf der Rechtsordnung« ist und die Zahlungsmitteleigenschaft des Geldes älter ist als die Tauschmittelfunktion.

HUGO FISCHER

Lenin.
Der Machiavell des Ostens

328 Seiten, gebunden mit Schutzumschlag

Die Oktoberrevolution 1917 galt vielen europäischen Intellektuellen als Fanal: Ob angsterfüllt beobachtet oder euphorisch begrüßt, sie war das Ereignis der Epoche, zu dem man sich intellektuell zu verhalten hatte. Angesichts der Fliehkräfte der Weimarer Republik und der von vielen empfundenen tiefen Krise der westlichen liberalen Zivilisation richtete auch Hugo Fischer den Blick nach Osten, um in der Politik Lenins und in den Räten Alternativen für eine Herrschaftsform jenseits von Parlamentarismus und Diktatur zu finden. Selbst aus der nationalen Rechten entstammend, betrachtet er Lenin ohne ideologische Voreingenommenheit, er attestiert ihm sogar selbst eine ideologiefreie Politik, die – von rationalen Motiven getrieben – auf Machterringung und Machterhalt zielt: »Lenin ist ebensowenig ein ›Kommunist‹, wie Richelieu ein ›Monarchist‹ gewesen ist.« Mit dieser visionären Analyse, der sich später immer wieder auch linke Dissidenten anschließen sollten, verfasst Fischer eine Studie, die den Vergleich mit Schriften von Carl Schmitt, Leo Strauss oder Max Weber nicht zu scheuen braucht. *Lenin. Der Machiavell des Ostens*, ist ein Zeugnis der deutschen Geistesgeschichte und ein wichtiger Beitrag zur Analyse des Bolschewismus an der Macht.

GEORGE BATAILLE

Die Literatur und das Böse

Übersetzt von Cornelia Langendorf
262 Seiten, gebunden mit Schutzumschlag

Literatur ist für Bataille einer der Wege, zu einer unmöglichen Erfahrung zu gelangen. Das Überschreiten von Grenzen, das von der Gesellschaft als »böse« bezeichnete Brechen von Gesetzen, ist das Gesetz einer freien Literatur, einer Literatur, die mehr ist als Zeitvertreib und Konsum. Baudelaire, Sade, Blake oder Kafka sind die Leitfiguren Batailles. In ihrem Werk sieht er das verwirklicht, was er von der Literatur erwartet: »Die authentische Literatur ist prometheisch. Der wahre Schriftsteller wagt zu tun, was den fundamentalen Gesetzen der aktiven Gesellschaft widersteht.« Im Überschreiten der Gesetze entzündet sich der Blitz der Erkenntnis. Doch genau darin wird die Literatur schuldig, böse.

SIMON SCHAUPP

Technopolitik von unten. Algorithmische Arbeitssteuerung und kybernetische Proletarisierung

352 Seiten, Broschur

Smarte neue Arbeitswelt? Ein schonungsloser Blick hinter die glänzenden Oberflächen von der Pflege bis ans Fließband: Es gibt kaum noch einen Bereich der Erwerbsarbeit, der nicht von der Digitalisierung betroffen ist. Sie erscheint dabei als unausweichliches Schicksal. Simon Schaupp vollzieht in seiner Studie einen Perspektivenwechsel. Ausgehend von Konfliktmomenten zeigt sich die Digitalisierung der Arbeitsprozesse selbst als umkämpftes Terrain. Im Zentrum von *Technopolitik von unten* stehen deshalb die Beschäftigten: Mit welchen Strategien reagieren sie auf die Polarisierung der Arbeitswelt in hochqualifizierte Digitalexpert:innen und manuell Tätige, die, algorithmisch gesteuert und prekär beschäftigt, zunehmend ersetzbar werden? Schaupp spricht mit Manager:innen, Ingenieur:innen und Arbeiter:innen, begleitet politische Organisierungsversuche und arbeitet selbst mehrere Monate als Kurierfahrer und in der Elektroindustrie. Seine Forschung macht deutlich: Überall, wo algorithmische Arbeitssteuerung als Mittel der Verdichtung und Entwertung menschlicher Arbeit eingesetzt wird, finden sich auch Vorgänge des Widerstandes und der Selbstorganisation. Schaupp fordert uns so zu einer Revision unseres Bildes von Digitalisierung heraus.

VALÈRE NOVARINA

Lichter des Körpers

Übersetzt von Leopold von Verschuer
160 Seiten, gebunden mit Schutzumschlag

»Alarm! Alarm! In den Gehirnmäandern der Wahrnehmung, im Theater der Synapsen hat etwas den Kopf verloren. Alarm! Alarm ...!« Hinter dieser Reflexion über das Schauspiel, den Raum und das gesprochene Wort verbirgt sich auch eine Philosophie des Körpers, in der Valère Novarina – diese singuläre Gestalt des französischen Gegenwartstheaters – in Bezugnahme auf Artaud die Dringlichkeit der Physis ins Blickfeld unserer Wahrnehmung rückt. Das Rauschen des Blutes im Wort und das Brüllen des Wortes im Blut liegen diesen 421 Fragmenten zugrunde, die Novarina als radikal subjektiven Denker vorstellen.

LÁSZLÓ F. FÖLDÉNYI

Starke Augenblicke. Physiognomie der Mystik

Übersetzt von Akos Doma
212 Seiten, Hardcover mit Schutzumschlag

László F. Földényi untersucht in diesem klassischen Essay jene Augenblicke, die in der abendländischen Tradition als mystisch, kathartisch, erschütternd oder ekstatisch beschrieben werden. Die kulturgeschichtliche, religiöse und mythische Tradition dieser Erlebnisse im Blick, versucht er ihre Rolle von der Antike bis in unsere Zeit zu beschreiben. Földényi deckt auf, dass gerade diese scheinbaren zeit- und raumlosen Augenblicke den wahren Charakter des immer zeit- und raumgebundenen Lebens erleuchten. Dabei versucht er jenen Augenblick, von dem auch sein eigenes Schreiben durchdrungen ist, lebhaft zu machen und nicht als neutralen Gegenstand zu behandeln.

PETER MAXIMOWITSCH

Philosophie des Einzelnen. Leo Schestow zwischen Denken und Leben

250 Seiten, Broschur

Leo Schestow, den man zu Recht als Antiphilosophen bezeichnet hat, verweigert sich nicht nur konsequent allen klassifizierenden Zuschreibungen, sondern dem Begriff des Allgemeinen als solchem. Wie Walter Benjamin feststellte, sind Schestows Texte Kunstwerke, die so unerwartet wie steile Berge in die Stadtlandschaft hervorragen. Sein Schreiben ist provokativ, zyklisch und Ausdruck der Suche nach einer eigenen authentischen philosophischen Sprache. Peter Maximowitsch geht dieser Suche nach und stößt dabei auf einen performativen Widerspruch, in den Schestow sich bei dem Versuch verwickelt, die Philosophie gänzlich hinter sich zu lassen. Maximowitsch lässt sich selbst in diesen Widerspruch höchst produktiv hineinziehen; er stellt Schestow vor allem im Verhältnis zu denjenigen Denkern vor, von denen dieser sich abgrenzen wollte: Nietzsche, Plotin, Kierkegaard und Husserl. Maximowitsch zeigt, dass Schestow dabei zu dem überraschenden Schluss kommt, dass sich gerade die wichtigsten menschlichen Erfahrungen der Philosophie und ihrer systematischen Darstellung entziehen und sich nur in poetischen oder absurden Formen zum Ausdruck bringen lassen.

STANLEY CAVELL

Die Sinne von Walden

Übersetzung von Klaus Bonn
204 Seiten, gebunden mit Schutzumschlag

Das frühe, hier erstmals übersetzte Hauptwerk Stanley Cavells markiert einen Wendepunkt im Werk dieses einflussreichen Denkers, der als Vaterfigur der heute maßgeblichen amerikanischen Intellektuellen gilt. Im Zentrum des philosophischen Schlüsseltextes steht das Werk Henry David Thoreaus und seine Bedeutung für uns. Darüber hinaus will Cavell zeigen, was einen originalen, initialen Text auszeichnet und wie aus Philosophie Philosophie entsteht.

HENRI MESCHONNIC

Ethik und Politik des Übersetzens

Übersetzt von Béatrice Costa
256 Seiten, Broschur

Die Kraft der Worte übersetzen, nicht nur ihren Sinn – diese Aufgabe stellt sich Henri Meschonnic, wenn er die Bibel aus dem Hebräischen neu übersetzt. Warum es dabei um Ethik und Politik geht und warum die Fragen, die sich daraus ergeben, alle und jeden angehen, zeigt Meschonnic in diesem einflussreichen Buch. Übersetzen ist eine durch und durch ethische und politische Angelegenheit, denn hier treten Vorstellungen und Konzepte zutage, mit denen Sprache gedacht wird. Es macht einen Unterschied, ob man beim Übersetzen vom Modell des Zeichens ausgeht, von den Kategorien von Form und Inhalt, Wort und Sinn, Ausgangssprache und Zielsprache, oder ob der Rhythmus im Text, die Sprechbewegung in der Schrift, die Körperlichkeit und Stimmlichkeit der Rede in der Übersetzung hörbar bleibt. An die Stelle der hermeneutischen Übersetzung tritt bei Meschonnic deshalb eine poetische Übersetzungspraxis, die auf das hört, was ein Text als sprachlicher Akt macht. Ethik und Poetik zusammendenken, um die Politik des Übersetzens und alle Formen des Politischen in der Sprache zu verändern – nicht mehr und nicht weniger steht auf dem Spiel. Herausgegeben und mit einem Nachwort versehen von Hans Lösener und Vera Viehöver.